省级一流课程"煤地质学"系列实习指导书
中央高校教育教学改革专项经费资助(202204)
中国地质大学(武汉)实验教材项目资助(SJC-202201)
国家自然科学基金项目资助(42372190,42172194,41972181)

煤化学实习指导书

MEI HUAXUE SHIXI ZHIDAOSHU

主　编　汪小妹
副主编　王　华　严德天

图书在版编目(CIP)数据

煤化学实习指导书/汪小妹主编. —武汉:中国地质大学出版社,2023.12
ISBN 978-7-5625-5721-0

Ⅰ.①煤…　Ⅱ.①汪…　Ⅲ.①煤-应用化学-高等学校-教学参考资料　Ⅳ.①TQ530

中国国家版本馆CIP数据核字(2023)第257185号

煤化学实习指导书	汪小妹 主　编
	王　华　严德天　副主编

责任编辑:韦有福	选题策划:韦有福　陈　琪	责任校对:郑济飞

出版发行:中国地质大学出版社(武汉市洪山区鲁磨路388号)　　邮编:430074
电　　话:(027)67883511　　传　　真:(027)67883580　　E-mail:cbb@cug.edu.cn
经　　销:全国新华书店　　　　　　　　　　　　　　　　　　http://cugp.cug.edu.cn

开本:787毫米×1092毫米　1/16　　　　　　　字数:211千字　　印张:8.5
版次:2023年12月第1版　　　　　　　　　　　印次:2023年12月第1次印刷
印刷:湖北睿智印务有限公司

ISBN 978-7-5625-5721-0　　　　　　　　　　　　　　　　　　定价:28.00元

如有印装质量问题请与印刷厂联系调换

《煤化学实习指导书》编委会

主　编： 汪小妹

副主编： 王　华　严德天

编委会： 甘华军　王小明　李宝庆

　　　　　李　晶　潘思东　李绍虎

前　言

煤炭是珍贵的非可再生化石能源资源，素有"工业粮食"之称。作为世界上储量最多、分布最广的常规能源，煤炭为电力、钢铁冶金、化工等行业提供了强大的能源资源保障，对于社会和经济发展有着举足轻重的作用。

我国是世界第一产煤大国和煤炭消耗大国。根据BP(British Petroleum，英国石油)集团最新统计数据，2021年，我国煤炭产量占全世界的50.8%，煤炭消耗量占全世界的53.8%。我国的能源资源禀赋条件为"富煤缺油少气"，煤炭是我国最安全、最经济、最可靠的能源。中国统计年鉴最新统计数据表明，2021年煤炭消费量占能源消费总量的56%。当前，我国的能源需求仍呈增长趋势，尽管煤炭在能源消费总量中的占比不断下降，但考虑到可再生能源短期内难以大规模替代传统化石能源，煤炭仍将是我国能源供应的"压舱石"和"稳定器"。煤炭对于我国能源供应仍将起到兜底保障作用。煤炭的稳定供应是我国能源保障的重要内容。

煤化学是研究煤的生成、组成、结构、性质、分类和反应及其相互关系，并阐明煤作为燃料和原料利用过程中有关化学问题的学科，是煤炭生产、加工、转化、利用的重要知识基础。随着煤炭工业的快速发展，煤炭资源的利用途径日益扩大，煤炭综合、清洁、高效利用技术不断进步，在"碳达峰""碳中和"的背景下，煤炭的利用方式逐渐向多元化、高端化、精细化、低碳化的方向发展。为了更好地发挥煤炭资源的作用，提升煤炭资源的利用效率，适应新形势下煤炭工业发展的需求，对煤炭进行正确的分析和评价显得越来越重要，它涉及煤的各种转化及综合利用，这一点在当今能源日益紧缺的情况下亦显得尤为突出。

煤化学实习是"煤化学"课程的实践部分，既可以独立设课，也可以作为"煤化学"课程的一部分，对培养学生的动手能力和创新实践能力十分重要。《煤化学实习指导书》由中国地质大学(武汉)实验室与设备管理处、中央高校教育教学改革专项经费资助出版，由中国地质大学(武汉)资源学院盆地矿产系组织编写，是"煤地质学"课程实践教学的重要组成部分。《煤化学实习指导书》是中国地质大学(武汉)"煤地质学"课程新一轮教学改革的产物，是在学校进一步加强专业课教学、改进教学方法、提高教学质量的要求下开展的实践教学教材建设，旨在把课堂理论教学与实践教学环节紧密结合，帮助学生深入理解基本理论和专业知识，培养本科生的独立思考和创新能力，全面提高教学质量，促进"双碳"目标驱动下煤炭创新人才的培养。

《煤化学实习指导书》针对行业需求，涵盖了目前煤化学和煤化工行业的主要分析测试项目。本实习指导书共分为3章，分别为：煤的工业分析和元素分析、煤的工艺性质、煤的物理化学性质。其中，第一章由汪小妹、王华、甘华军、严德天编写，第二章由汪小妹、严德天、王小明、李宝庆、李晶编写，第三章由汪小妹、潘思东、李绍虎编写，全书由汪小妹、王华、严德天统稿。

本实习指导书可以作为煤质分析技术、煤化工技术、煤化分析与检验、煤炭深加工与综合利用、选煤技术、能源化学工程等专业的实验教材和煤化学、煤地质学等方向的教学参考书,也可供能源、燃气、煤化工、煤炭综合利用等有关生产技术人员参考。

限于编者自身学识水平,书中难免存在不妥和疏漏之处,恳请读者批评指正,以便再版时予以纠正。

编 者
2023 年 9 月

目 录

第一章　煤的工业分析和元素分析 ……………………………………………… (1)
　　实验一　煤的工业分析 ……………………………………………………… (1)
　　实验二　煤中碳和氢的测定 ………………………………………………… (10)
　　实验三　氮元素的测定 ……………………………………………………… (17)
　　实验四　煤中全硫的测定 …………………………………………………… (20)
　　实验五　煤中各种形态硫的测定 …………………………………………… (29)

第二章　煤的工艺性质 …………………………………………………………… (35)
　第一节　煤的黏结性和结焦性 ……………………………………………………… (35)
　　实验六　烟煤黏结指数测定 ………………………………………………… (35)
　　实验七　烟煤胶质层指数测定 ……………………………………………… (39)
　　实验八　坩埚膨胀序数测定 ………………………………………………… (45)
　　实验九　烟煤奥阿膨胀度测定 ……………………………………………… (49)
　　实验十　煤的格金低温干馏实验 …………………………………………… (54)
　　实验十一　煤的塑性测定　恒力矩吉氏塑性仪法 ………………………… (59)
　第二节　煤的发热量 ……………………………………………………………… (63)
　　实验十二　煤的发热量的测定 ……………………………………………… (63)
　第三节　煤的气化性能 …………………………………………………………… (74)
　　实验十三　煤对二氧化碳的化学反应性的测定 …………………………… (74)
　　实验十四　煤灰熔融性的测定 ……………………………………………… (77)
　　实验十五　煤灰黏度的测定 ………………………………………………… (82)
　　实验十六　煤的结渣性测定 ………………………………………………… (86)
　第四节　煤的机械加工性质 ……………………………………………………… (89)
　　实验十七　煤的可磨性指数的测定（哈德格罗夫法） ……………………… (89)
　　实验十八　煤的落下强度测定 ……………………………………………… (92)
　　实验十九　煤的筛分 ………………………………………………………… (93)
　　实验二十　煤的可选性实验 ………………………………………………… (97)

第三章　煤的物理化学性质 ……………………………………………………… (102)
　　实验二十一　煤中腐植酸产率测定 ………………………………………… (102)
　　实验二十二　腐植酸中总酸性基、羧基、酚羟基的测定 …………………… (104)
　　实验二十三　褐煤中苯萃取物产率的测定 ………………………………… (106)

实验二十四　低煤阶煤透光率的测定 …………………………………………… (109)
　　实验二十五　煤的着火温度测定 …………………………………………………… (112)
主要参考文献 ………………………………………………………………………… (115)
附　录 ………………………………………………………………………………… (117)

第一章 煤的工业分析和元素分析

工业分析和元素分析是煤质分析的基本内容。通过工业分析,可以初步判断煤的性质、种类和工业用途,因其分析方法比较简便,故应用较广泛。元素分析主要用于了解煤的元素(碳、氢、氧、氮、硫)组成。

实验一 煤的工业分析

煤的工业分析包括煤的水分、灰分、挥发分的测定和固定碳的计算4项内容。为了使测定结果具有可比性,工业分析的测定方法均有严格的标准。

本实验系根据国家标准《煤的工业分析方法》(GB/T 212—2008)制定,适用于褐煤、烟煤、无烟煤和水煤浆。

一、水分的测定

国家标准《煤的工业分析方法》(GB/T 212—2008)规定了煤中水分测定方法有3种,即A法(通氮干燥法,适用于所有煤种)、B法(空气干燥法,适用于烟煤和无烟煤)、C法(微波干燥法,适用于褐煤和烟煤水分的快速测定)。其中,A法属于仲裁法,即对于仲裁分析中需要水分进行基准换算时,应以A法测值为准。

空气干燥法测定烟煤和无烟煤水分的测定结果与通氮干燥法的测定结果并无显著差异,空气干燥法简单、易操作,测定时间短于通氮干燥法。本实验主要介绍A法和B法。

(一)实验目的

(1)学习和掌握测定一般分析试验煤样水分的各种方法及原理。
(2)了解水分测定在煤化工等行业中的应用。

(二)实验方法

1. 通氮干燥法

1) 实验原理

称取一定量的一般分析试验煤样,置于105～110℃鼓风干燥箱中,在干燥氮气流中干燥到质量恒定。根据煤样的质量损失计算出水分的质量分数。

2) 实验设备和材料

(1) 氮气:纯度99.9%,含氧量小于0.01%。小空间干燥箱:箱体严密,具有较小的自由空间,有气体进、出口,并带有自动控温装置,能保持温度在105～110℃范围内。

(2) 玻璃称量瓶:直径40mm,高25mm,并带有可密封的磨口盖。

(3) 干燥器(图1-1):内装变色硅胶或粒状无水氯化钙。

(4) 干燥塔:容量250mL,内装干燥剂。

(5) 流量计:量程为100～1000mL/min。

(6) 分析天平(图1-2):感量0.1mg。

图1-1 干燥器

图1-2 分析天平

(7) 无水氯化钙:化学纯,粒状。

(8) 变色硅胶:工业用品。

3) 实验步骤

(1) 在预先干燥和已称量过的称量瓶内称取粒度小于0.2mm的一般分析试验煤样(1±0.1)g,称准至0.0002g,平摊在称量瓶中。

(2) 打开称量瓶盖,放入预先通入干燥氮气并已加热到105～110℃的干燥箱中。烟煤干燥1.5h,褐煤和无烟煤干燥2h。在称量瓶放入干燥箱前10min开始通氮气,氮气流量以每小时换气15次为准。

预先通氮气的目的是驱除干燥箱内的空气。"每小时换气15次"指每小时通入的氮气量为干燥箱箱腔体积的 15 倍。

(3) 从干燥箱中取出称量瓶，立即盖上盖，放入干燥器中冷却至室温（约 20min）后称量。

(4) 进行检查性干燥，每次 30min，直到连续两次干燥煤样质量的减少不超过 0.001 0g 或质量增加时为止。在后一种情况下，采用质量增加前一次的质量为计算依据。当水分的质量分数在 2.00% 以下时，不必进行检查性干燥。

2. 空气干燥法

1）实验原理

称取一定量的一般分析试验煤样，置于 105～110℃ 鼓风干燥箱中，在干燥空气流中干燥到质量恒定。根据煤样的质量损失计算出水分的质量分数。

2）实验设备和材料

(1) 电热鼓风干燥箱（图 1-3）：带有自动控温装置，能保持温度在 105～110℃ 范围内。

图 1-3 电热鼓风干燥箱

(2) 分析天平：感量 0.000 1g。

(3) 无水氯化钙：化学纯，粒状。

(4) 玻璃称量瓶：直径 40mm，高 25mm，并带有可密封的磨口盖。

(5) 干燥器：内装有变色硅胶或粒状无水氯化钙。

3）实验步骤

(1) 在预先干燥和已称量过的称量瓶内称取粒度小于 0.2mm 的一般分析试验煤样 (1±0.1)g，称准至 0.000 2g，平摊在称量瓶中。

(2) 打开称量瓶盖，放入预先鼓风并已加热到 105～110℃ 的干燥箱中。在一直鼓风的条件下，烟煤干燥 1.0h，无烟煤干燥 1.5h。

注意：预先鼓风是为了使温度均匀，可将装有煤样的称量瓶放入干燥箱前 3～5min 开始鼓风。

(3)从干燥箱中取出称量瓶,立即盖上盖,放入干燥器中冷却至室温(约20min)后称量。

(4)进行检查性干燥,每次30min,直到连续两次干燥煤样质量的减少不超过0.0010g或质量增加时为止。在后一种情况下,采用质量增加前一次的质量为计算依据。当水分的质量分数在2.00%以下时,不必进行检查性干燥。

(三)结果计算

数据处理可按式(1-1)计算一般分析试验煤样的水分:

$$M_{ad} = \frac{m_1}{m} \times 100 \tag{1-1}$$

式中:M_{ad}为一般分析试验煤样水分的质量分数(%);m_1为煤样干燥后失去的质量(g);m为称取的一般分析试验煤样的质量(g)。

(四)水分测定的精密度

水分测定的精密度如表1-1规定。

表1-1 水分测定结果的重复性限

水分质量分数 M_{ad}/%	重复性限/%
<5.00	0.20
5.00~10.00	0.30
>10.00	0.40

(五)注意事项

为了使干燥箱内的温度均匀和稳定,在放入煤样之前,干燥箱必须预先鼓风,并在鼓风条件下调节所需温度。

从干燥箱中取出的试样及每次干燥性检查的试样冷却时间要一致,因为冷却的时间也会影响煤的水分。

二、灰分的测定

煤的灰分是指煤在一定条件下完全燃烧后得到的残渣,残渣量的多少与测定条件有关。测定煤中灰分的方法分为缓慢灰化法和快速灰化法,其中缓慢灰化法为仲裁方法。

(一)实验目的

(1)学习和掌握煤灰分产率的测定方法和原理。
(2)了解煤的灰分与煤中矿物质的关系。

(二)实验方法

1. 缓慢灰化法

1)实验原理

称取一定量的一般分析试验煤样,放入马弗炉中,以一定的速度加热到(815±10)℃,灰化并灼烧到质量恒定。以残留物的质量占煤样质量的质量分数作为煤样的灰分。

2)实验设备和材料

(1)马弗炉:炉膛具有足够的恒温区,能保持温度为(815±10)℃。炉后壁的上部带有直径为25～30mm的烟囱,下部离炉膛底20～30mm处有一个插热电偶的小孔。炉门上有一个直径为20mm的通气孔。马弗炉的恒温区应在关闭炉门下测定,并每年至少测定一次。高温计(包括毫伏计和热电偶)每年至少校准一次。

(2)分析天平:感量0.000 1g。

(3)干燥器:内装变色硅胶或粒状无水氯化钙。

(4)耐热瓷板或石棉板。

(5)灰皿:瓷质,长方体,底长45mm,底宽22mm,高14mm。

3)实验步骤

(1)在预先灼烧至质量恒定的灰皿中,称取粒度小于0.2mm的一般分析试验煤样(1±0.1)g,称准至0.000 2g,均匀地摊平在灰皿中,使其每平方厘米的质量不超过0.15g。

(2)将灰皿送入炉温不超过100℃的马弗炉恒温区中,关上炉门并使炉门留有15mm左右的缝隙。在不少于30min的时间内将炉温缓慢升至500℃,并在此温度下保持30min。继续升温到(815±10)℃,并在此温度下灼烧1h。

(3)从炉中取出灰皿,放在耐热瓷板或石棉板上,在空气中冷却5min左右,移入干燥器中冷却至室温(约20min)后称量。

(4)进行检查性灼烧,温度为(815±10)℃,每次20min,直到连续两次灼烧后的质量变化不超过0.001 0g为止。以最后一次灼烧后的质量为计算依据。灰分小于15.00%时,不必进行检查性灼烧。

2. 快速灰化法(方法A)

1)实验原理

将装有煤样的灰皿放在预先加热至(815±10)℃的灰分快速测定仪的传送带上,煤样自动送入仪器内完全灰化,然后送出。以残留物的质量占煤样质量的质量分数作为煤样的灰分。

2)实验设备和材料

快速灰分测定仪(图1-4)由马蹄形管式电炉、传送带和控制仪三部分组成,各部分结构如下。

(1)马蹄形管式电炉:炉膛长约700mm,底宽约75mm,高约45mm,两端敞口,轴向倾斜度为5°左右。恒温带要求:(815±10)℃部分长约140mm,750~825℃部分长约270mm,出口端温度不高于100℃。

(2)链式自动传送装置(简称传送带):用耐高温金属制成,传送速度可调。在1000℃下不变形,不掉皮。

(3)控制仪:主要包括温度控制装置和传送带传送速度控制装置。温度控制装置能将炉温自动控制在(815±10)℃左右;传送带传送速度控制装置能将传送速度控制在15~50mm/min之间。

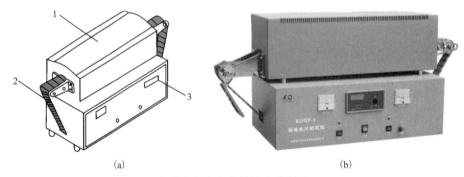

1. 管式电炉;2. 传送带;3. 控制仪。

图1-4 快速灰分测定仪示意图(a)和快速灰分测定仪实物图(b)

3)实验步骤

(1)将快速灰分测定仪预先加热至(815±10)℃。

(2)开动传送带并将其传送速度调节到17mm/min左右或其他合适的速度。注意:对于新的灰分快速测定仪,需将不同煤种与缓慢灰化法进行对比试验,根据对比试验结果及煤的灰化情况,调节传送带的传送速度。

(3)在预先灼烧至质量恒定的灰皿中,称取粒度小于0.2mm的一般分析试验煤样(0.5±0.01)g,称准至0.000 2g,均匀地摊平在灰皿中,使其每平方厘米的质量不超过0.08g。

(4)将盛有煤样的灰皿放在快速灰分测定仪的传送带上,灰皿即自动送入炉中。

(5)当灰皿从炉内送出时,取下,放在耐热瓷板或石棉板上,在空气中冷却5min左右,移入干燥器中冷却至室温(约20min)后称量。

3. 快速灰化法(方法B)

(1)实验原理。将装有煤样的灰皿由炉外逐渐送入预先加热至(815±10)℃的马弗炉中灰化并灼烧至质量恒定。以残留物的质量占煤样质量的质量分数作为煤样的灰分。

(2)实验设备和仪器。同缓慢灰化法。

(3)实验步骤。①在预先灼烧至恒定的灰皿中,称取粒度小于 0.2mm 的一般分析试验煤样(1 ± 0.1)g,称准至 0.000 2g,均匀地摊平在灰皿中,使其每平方厘米的质量不超过 0.15g。将盛有煤样的灰皿预先分排放在耐热瓷板或石棉板上。②将马弗炉加热到 850℃,打开炉门,将放有灰皿的耐热瓷板或石棉板缓慢地推入马弗炉中,先使第一排灰皿中的煤样灰化。待 5~10min 后煤样不再冒烟时,以每分钟不大于 2cm 的速度把其余各排灰皿按顺序推入炉内炽热部位(若煤样着火发生爆燃,试验应作废)。③关上炉门并使炉门留有 15mm 左右的缝隙,在(815 ± 10)℃下灼烧 40min。

其余操作同缓慢灰化法。如遇检查性灼烧时结果不稳定,应改用缓慢灰化法重新测定。灰分的质量分数小于 15.00% 时,不必进行检查性灼烧。

(三)结果计算

煤样的空气干燥基灰分按下式计算:

$$A_{ad} = \frac{m_1}{m} \times 100 \tag{1-2}$$

式中:A_{ad}为空气干燥基灰分的质量分数(%);m_1为灼烧后残留物的质量(g);m为称取的一般分析试验煤样的质量(g)。

空气干燥煤样中的水分是随空气湿度的变化而变化的,因而造成灰分的测值也随之发生变化。但就绝对干燥的煤样而言,其灰分产率是不变的。所以,在实用上空气干燥基的灰分产率只是中间数据,一般还需换算为干燥基的灰分产率A_d。在实际使用中除非特别指明,灰分的表示基准应是干燥基。换算公式如下:

$$A_d = \frac{100}{100 - M_{ad}} \times A_{ad} \tag{1-3}$$

(四)灰分测定的精密度

灰分测定的精密度如表 1-2 规定。

表 1-2 灰分测定结果的重复性限和再现性临界差

灰分质量分数/%	重复性限 A_{ad}/%	再现性临界差 A_d/%
<15.00	0.20	0.30
15.00~30.00	0.30	0.50
>30.00	0.50	0.70

(五)注意事项

(1)煤样要均匀平铺于灰皿中,以避免局部过厚,一方面避免燃烧不完全,另一方面可防止局部煤样中硫化物生成的二氧化硫被上部碳酸盐分解生成的氧化钙固定。

(2)对某一地区的煤,经缓慢灰化法反复核对符合误差要求时,方可采用快速灰化法。

三、挥发分的测定和固定碳的计算

1. 实验目的

(1)掌握煤的挥发分产率测定方法及固定碳的计算方法。
(2)了解挥发分在煤炭加工领域中的运用。

2. 实验原理

称取一定量的一般分析试验煤样,放在带盖的瓷坩埚中,在(900±10)℃下,隔绝空气加热 7min。用减少的质量占煤样质量的分数,减去该煤样的水分含量作为煤样的挥发分。

3. 实验设备和材料

(1)挥发分坩埚:带有配合严密盖的瓷坩埚。坩埚总质量为 15～20g。

(2)马弗炉(图 1-5):带有高温计和调温装置,能保持温度在(900±10)℃间,并有足够的(900±5)℃恒温区。当炉子热容量的起始温度为 920℃ 左右时,放入室温下的坩埚架和若干坩埚,关闭炉门后,在 3min 内恢复到(900±10)℃。炉后壁有一个排气孔和一个插热电偶的小孔。小孔位置应使热电偶插入炉内后其热接点在坩埚底和炉底之间,距炉底 20～30mm 处。马弗炉的恒温区应在关闭炉门下测定,并每年至少测定一次。高温计(包括毫伏计和热电偶)每年至少校准一次。

(3)坩埚架:由镍铬丝或其他耐热金属丝制成。它的规格尺寸以能使所有的坩埚都在马弗炉恒温区内为准,并且坩埚底部紧邻热电偶热接点上方。

(4)坩埚架夹。

(5)干燥器:内装变色硅胶或粒状无水氯化钙。

(6)分析天平:感量 0.1mg。

4. 实验步骤

(1)在预先于 900℃下灼烧至质量恒定的带盖瓷坩埚中,称取粒度小于 0.2mm 的一般分析试验煤样(1±0.1)g,称准至 0.000 2g,然后轻轻振动坩埚,使煤样摊平,盖上盖,放在坩埚架上。褐煤和长焰煤应预先压饼,并切成宽度约 3mm 的小块。

(2)再将马弗炉预先加热至 920℃ 左右。打开炉门,迅速将放有坩埚的坩埚架送入恒温区,立即关上炉门并计时,准确加热 7min。坩埚及坩埚架放入后,要求炉温在 3min 内恢复至(900±10)℃,此后保持在(900±10)℃,否则此次试验作废。加热时间包括温度恢复时间。

图 1-5 马弗炉

注：马弗炉预先加热温度可视马弗炉具体情况调节，以保证在放入坩埚及坩埚架后，炉温在 3min 内恢复至(900±10)℃为准。

(3)从炉中取出坩埚，放在空气中冷却 5min 左右，移入干燥器中冷却至室温(约 20min)后称量。

5. 焦渣特征分类

测定挥发分所得焦渣的特征，按下列规定加以区分。

(1)粉状(1 型)：全部是粉末，没有相互黏着的颗粒。

(2)黏着(2 型)：用手指轻碰即成粉末或基本上是粉末，其中较大的团块轻轻一碰即成粉末。

(3)弱黏结(3 型)：用手指轻压即成小块。

(4)不熔融黏结(4 型)：用手指用力压才裂成小块，焦渣上表面无光泽，下表面稍有银白色光泽。

(5)不膨胀熔融黏结(5 型)：焦渣形成扁平的块，煤粒的界线不易分清，焦渣上表面有明显银白色金属光泽，下表面银白色光泽更明显。

(6)微膨胀熔融黏结(6 型)：用手指压不碎，焦渣的上、下表面均有银白色金属光泽，但焦渣表面具有较小的膨胀泡(或小气泡)。

(7)膨胀熔融黏结(7型)：焦渣上、下表面有银白色金属光泽,明显膨胀,但焦渣高度不超过15mm。

(8)强膨胀熔融黏结(8型)：焦渣上、下表面有银白色金属光泽,焦渣高度大于15mm。

6. 结果计算

煤样的空气干燥基挥发分测定结果按下式计算：

$$V_{ad} = \frac{m_1}{m} \times 100 - M_{ad} \tag{1-4}$$

式中：V_{ad}为试样的空气干燥基挥发分的质量分数(%)；m_1为煤样加热后减少的质量(g)；m为一般分析试验煤样的质量(g)；M_{ad}为一般分析试验煤样水分的质量分数(%)。

7. 挥发分测定的精密度

挥发分测定的精密度如表1-3规定。

表1-3 挥发分测定结果的重复性限和再现性临界差

挥发分质量分数/%	重复性限 V_{ad}/%	再现性临界差 V_d/%
<20.00	0.30	0.50
20.00~40.00	0.50	1.00
>40.00	0.80	1.50

8. 固定碳的计算

煤的固定碳为除去水分、挥发分和灰分后的残余物,其产率可用减量法计算,即

$$FC_{ad} = 100 - (M_{ad} + A_{ad} + V_{ad}) \tag{1-5}$$

式中：FC_{ad}为试样的空气干燥基固定碳的质量分数(%)；M_{ad}为试样的空气干燥基水分的质量分数(%)；A_{ad}为试样的空气干燥基灰分的质量分数(%)；V_{ad}为试样的空气干燥基挥发分的质量分数(%)。

干燥无灰基挥发分用V_{daf}表示,由空气干燥基挥发分换算而得

$$V_{daf} = \frac{100}{100 - M_{ad} - A_{ad}} \times V_{ad} \tag{1-6}$$

此时,干燥无灰基固定碳FC_{daf}可由下式计算得出

$$FC_{daf} = 100 - V_{daf} \tag{1-7}$$

实验二 煤中碳和氢的测定

碳氢元素是构成煤有机质的主要元素,碳氢元素含量是确定煤炭加工利用方向的重要指标和依据。本实验根据《煤中碳和氢的测定方法》(GB/T 476—2008)制定,适用于褐煤、烟

煤、无烟煤和水煤浆。国家标准《煤中碳和氢的测定方法》(GB/T 476—2008)规定了三节炉法、二节炉法及电量法测定煤中碳氢元素含量的方法原理和实验步骤等,本实验主要介绍三节炉法。

一、实验目的

(1)了解煤中碳和氢含量与煤化程度及某些工艺性质的关系。
(2)掌握用三节炉法和二节炉法测定煤中碳和氢元素含量的基本原理,了解三节炉和二节炉的结构和燃烧管的充填方法,并学会实验操作。

二、实验原理

一定量的煤样或水煤浆干燥煤样在氧气流中燃烧,生成的水和二氧化碳分别用吸水剂和二氧化碳吸收剂吸收,由吸收剂的增量计算煤中碳和氢的质量分数。煤样中硫和氯对碳测定的干扰在三节炉中用铬酸铅和银丝卷消除,在二节炉中用高锰酸银热解产物消除。氮对碳测定的干扰用粒状二氧化锰消除。

(1)煤的燃烧反应:

$$煤 + O_2 \xrightarrow{燃烧} H_2O + CO_2 + SO_x + Cl_2 + N_2 + NO_x \tag{1-8}$$

(2)H_2O 和 CO_2 的吸收反应:

$$2H_2O + CaCl_2 \rightarrow CaCl_2 \cdot 2H_2O \tag{1-9}$$

$$4H_2O + CaCl_2 \cdot 2H_2O \rightarrow CaCl_2 \cdot 6H_2O \tag{1-10}$$

$$CO_2 + 2NaOH \rightarrow Na_2CO_3 + H_2O \tag{1-11}$$

或

$$6H_2O + Mg(ClO_4)_2 \rightarrow Mg(ClO_4)_2 \cdot 6H_2O \tag{1-12}$$

(3)脱除硫、氮、氯等杂质的反应。

煤经燃烧除了生成 CO_2 和 H_2O 之外,还生成硫、氮等酸性氧化物和氯气。如不除去这些杂质,将被 CO_2 吸收剂吸收,影响碳的测值。

三节炉法中,在燃烧管中用铬酸铅脱除硫的氧化物,用银丝卷脱氯:

$$4PbCrO_4 + 4SO_2 \rightarrow 4PbSO_4 + 2Cr_2O_3 + O_2 \uparrow \tag{1-13}$$

$$4PbCrO_4 + 4SO_3 \rightarrow 4PbSO_4 + 2Cr_2O_3 + 3O_2 \uparrow \tag{1-14}$$

$$2Ag + Cl_2 \rightarrow 2AgCl \tag{1-15}$$

二节炉法中,用高锰酸银热分解产物脱除硫和氯:

$$2Ag \cdot MnO_2 + SO_2 + O_2 \rightarrow Ag_2SO_4 \cdot MnO_2 \tag{1-16}$$

$$4Ag \cdot MnO_2 + 2SO_3 + O_2 \rightarrow 2Ag_2SO_4 \cdot MnO_2 \tag{1-17}$$

$$2Ag \cdot MnO_2 + Cl_2 \rightarrow 2AgCl \cdot MnO_2 \qquad (1-18)$$

在燃烧管外部,用粒状二氧化锰脱除氮氧化物:

$$MnO_2 + 2NO_2 \rightarrow Mn(NO_3)_2 \qquad (1-19)$$

$$或 \ MnO_2 + H_2O \rightarrow MnO(OH)_2 \qquad (1-20)$$

$$MnO(OH)_2 + 2NO_2 \rightarrow Mn(NO_3)_2 + H_2O \qquad (1-21)$$

三、实验设备和材料

1. 碳氢测定仪

碳氢测定仪包括净化系统、燃烧装置和吸收系统 3 个主要部分,结构如图 1-6 和图 1-7 所示。

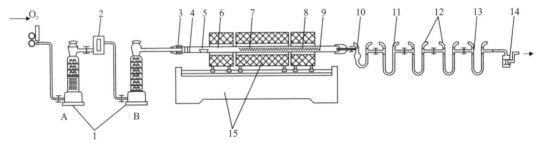

1.气体干燥塔;2.流量计;3.橡皮帽;4.铜丝卷;5.燃烧舟;6.燃烧管;7.氧化铜;8.铬酸铅;9.银丝卷;10.吸水 U 形管;
11.除氮氧化物 U 形管;12.吸二氧化碳 U 形管;13.空 U 形管;14.气泡计;15.三节炉或二节炉。

图 1-6 三节炉和二节炉碳、氢测定仪示意图

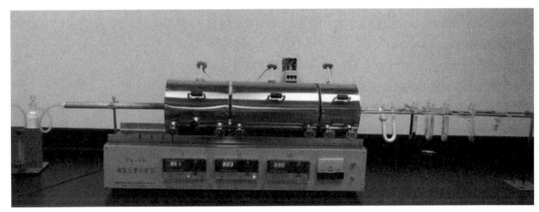

图 1-7 三节炉装置实物图

1)净化系统

包括以下部件。

气体干燥塔:容量 500mL,2 个,一个(A)上部(约 2/3)装无水氯化钙(或无水高氯酸镁),下部(约 1/3)装碱石棉(或碱石灰);另一个(B)装无水氯化钙(或无水高氯酸镁)。

流量计:测量范围 0~150mL/min。

2)燃烧装置

由一个三节(或二节)管式炉及其控温系统构成,主要包括以下部件。

(1)电炉:三节炉或二节炉(双管炉或单管炉),炉膛直径约35mm。

(2)燃烧管:由素瓷、石英、刚玉或不锈钢制成,长1100~1200mm(使用二节炉时,长约800mm),内径20~22mm,壁厚约2mm。

(3)燃烧舟:由素瓷或石英制成,长约80mm。

(4)橡皮塞或橡皮帽(最好用耐热硅橡胶)或铜接头。

(5)镍铬丝钩:直径约2mm,长约700mm,一端弯成钩。

3)吸收系统

包括以下部件。

(1)吸水U形管(图1-8),入口端有一球形扩大部分,内装无水氯化钙或无水高氯酸镁。

(2)二氧化碳吸收U形管(图1-9)2个,前2/3装碱石棉或碱石灰,后1/3装无水氯化钙或无水高氯酸镁。

(3)除氮U形管(图1-9):前2/3装粒状二氧化锰,后1/3装无水氯化钙或无水高氯酸镁。

(4)气泡计:容量约10mL,内装浓硫酸。

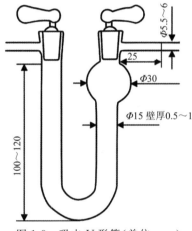

图1-8 吸水U形管(单位:mm)

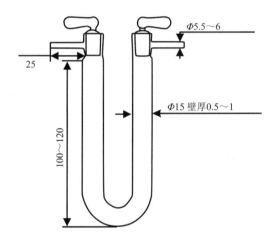

图1-9 二氧化碳吸收管(或除氮U形管)(单位:mm)

2. 分析天平

感量0.1mg。

3. 试剂和材料

(1)无水高氯酸镁:分析纯,粒度1~3mm或无水氯化钙(分析纯,粒度2~5mm)。

(2)粒状二氧化锰:化学纯,市售或用硫酸锰和高锰酸钾制备。

(3)铜丝网:0.15mm(100目)。

(4)铜丝卷:铜丝直径约0.5mm,使用前在300℃马弗炉中灼烧1h。

(5)氧化铜:化学纯,线状(长约5mm)。

(6)银丝卷:银丝直径约 0.25mm。

(7)铬酸铅:分析纯,粒度制备成 1～4mm。

(8)氧气:99.9%(不含氢),氧气钢瓶需配有可调节流量的带减压阀的压力表(可使用医用氧气吸入器)。

(9)三氧化钨:分析纯。

(10)碱石棉:化学纯,粒度 1～2mm 或碱石灰(化学纯,粒度 0.5～2mm)。

(11)真空硅脂。

(12)硫酸:化学纯。

(13)高锰酸银热解产物:当使用二节炉时,需制备高锰酸银热解产物。制备方法如下:将 100g 化学纯高锰酸钾,溶于 2L 蒸馏水中,煮沸。另取 107.5g 化学纯硝酸银溶于约 50mL 蒸馏水中,在不断搅拌下,缓缓注入沸腾的高锰酸钾溶液中,搅拌均匀后逐渐冷却并静置过夜。将生成的深紫色晶体用蒸馏水洗涤数次,在 60～80℃下干燥 1h,然后将晶体一小部分一小部分地放在瓷皿中,在电炉上缓缓加热至骤然分解,呈银灰色疏松状产物,装入磨口瓶中备用。

(14)带磨口塞的玻璃管或小型干燥器(不放干燥剂)。

四、实验步骤

1. 准备工作

(1)净化系统各容器的充填和连接。按上述实验设备和仪器的规定在净化系统各容器中装入相应的净化剂,然后按图 1-6 所示顺序将各容器连接好。氧气可由氧气钢瓶通过可调节流量的减压阀供给。净化剂经 70～100 次测定后,应进行检查或更换。

(2)吸收系统各容器的充填和连接。按上述实验设备和仪器的规定在吸收系统各容器中装入相应的吸收剂后,为保证系统气密,每个 U 形管磨口塞处涂少许真空硅脂,然后按图 1-6 所示顺序将各容器连接好。

(3)吸收系统的末端可连接一个空 U 形管(防止硫酸倒吸)和一个装有硫酸的气泡计。

当出现下列现象时,应更换 U 形管中试剂:①吸水 U 形管中的氯化钙开始溶化并阻碍气体畅通;②第二个吸收二氧化碳的 U 形管一次试验后的质量增加达 50mg 时,应更换第一个 U 形管中的二氧化碳吸收剂;③二氧化锰一般使用 50 次左右应更换。上述 U 形管更换试剂后,应以 120mL/min 的流量通入氧气至质量恒定后方能使用。

使用三节炉时,按图 1-10 所示填充。

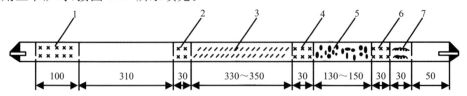

1、2、4、6.铜丝卷;3.氧化铜;5.铬酸铅;7.银丝卷。

图 1-10 三节炉燃烧管填充示意图(单位:mm)

用直径约0.5mm的铜丝制作3个长约30mm和1个长约100mm、直径稍小于燃烧管使之既能自由插入管内又与管壁密切接触的铜丝卷。从燃烧管出气端起,留50mm空间,依次充填30mm、直径约0.25mm的银丝卷,30mm铜丝卷,130~150mm(与第三节电炉长度相等)铬酸铅(使用石英管时,应用铜片把铬酸铅与石英管隔开),30mm铜丝卷,330~350mm(与第二节电炉长度相等)线状氧化铜,30mm铜丝卷,留310mm空间,最后充填100mm铜丝卷,燃烧管两端通过橡皮塞或铜接头分别与净化系统和吸收系统连接。橡皮塞使用前应在105~110℃下干燥8h左右。

燃烧管中的填充物(氧化铜、铬酸铅和银丝卷)经70~100次测定后应检查或更换。

使用二节炉时,按图1-11所示填充。

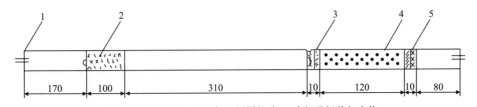

1.橡皮塞;2.铜丝卷;3、5.铜丝网圆垫片;4.高锰酸银热解产物。

图1-11 二节炉燃烧管填充示意图(单位:mm)

做2个长约10mm和1个长约100mm的铜丝卷,再用100目铜丝网剪成与燃烧管直径匹配的圆形垫片3~4个(用以防止高锰酸银热解产物被气流带出),然后按图1-11所示顺序填入。

(4)炉温的校正。将工作热电偶插入三节炉(或二节炉)的热电偶孔内,使热端插入炉膛,冷端与高温计连接。将炉温升至规定温度,保温1h。然后沿燃烧管轴向将标准热电偶依次插到空燃烧管中对应于第一节炉、第二节炉和第三节炉(或第一节炉、第二节炉)的中心处(注意勿使热电偶和燃烧管管壁接触)。根据标准热电偶指示,将管式电炉调节到规定温度并恒温5min。记下相应工作热电偶的读数,以后即以此控制炉温。

(5)测定仪整个系统的气密性检查。将仪器按图1-6所示连接好,将所有U形管磨口塞旋开,与仪器相连,接通氧气;调节氧气流量至120mL/min。然后关闭靠近气泡计处U形管磨口塞,此时若氧气流量降至20mL/min以下,表明整个系统气密;否则,应逐个检查U形管的各个磨口塞,查出漏气处,予以解决。注意,检查气密性时间不宜过长,以免U形管磨口塞因系统内压力过大而弹开。

(6)测定仪可靠性检验。为了检查测定仪是否可靠,可称取0.2g标准煤样,称准至0.000 2g,进行碳氢测定。如果实测的碳氢值与标准值的差值不超过标准煤样规定的不确定度,表明测定仪可用,否则需查明原因并纠正后才能进行正式测定。

(7)空白实验。将仪器各部分按图1-6所示连接,通电升温,将吸收系统各U形管磨口塞旋至开启状态,接通氧气,调节氧气流量为120mL/min。在升温过程中,将第一节电炉往返移动几次,通气约20min后,取下吸收系统,将各U形管磨口塞关闭,用绒布擦净,在天平旁放置10min左右,称量。当第一节炉达到并保持在(850±10)℃,第二节炉达到并保持在(800±

10)℃,第三节炉达到并保持在(600±10)℃后开始做空白试验。此时将第一节炉移至紧靠第二节炉,接上已经通气并称量过的吸收系统。在一个燃烧舟内加入三氧化钨(质量和煤样分析时相当)。打开橡皮塞,取出铜丝卷,将装有三氧化钨的燃烧舟用镍铬丝推棒推至第一节炉入口处,将铜丝卷放在燃烧舟后面,塞紧橡皮塞,接通氧气并调节氧气流量为120mL/min。移动第一节炉,使燃烧舟位于炉子中心,通气23min后将第一节炉移回原位。

2min后取下吸水U形管,将磨口塞关闭,用绒布擦净,在天平旁放置10min后称量,吸水U形管增加的质量即为空白值。重复上述试验,直到连续两次空白测定值相差不超过0.001 0g,至除氮管、二氧化碳吸收管最后一次质量变化不超过0.000 5g为止,取两次空白值的平均值作为当天氢的空白值。在做空白试验前,应先确定燃烧管的位置,使出口端温度尽可能高但又不会使橡皮塞受热分解。如空白值不易达到稳定,可适当调节燃烧管的位置。

2. 三节炉法和二节炉法

1)三节炉法试验步骤

(1)将第一节炉炉温控制在(850±10)℃,第二节炉炉温控制在(800±10)℃,第三节炉炉温控制在(600±10)℃,并使第一节炉紧靠第二节炉。

(2)在预先灼烧过的燃烧舟中称取粒度小于0.2mm的一般分析煤样或水煤浆干燥试样0.2g,称准至0.000 2g,并均匀铺平,在试样上铺一层三氧化钨。可将装有试样的燃烧舟暂存入专用的磨口玻璃管或不加干燥剂的干燥器中。

(3)接上已恒定并称量的吸收系统,并以120mL/min的流量通入氧气,打开橡皮塞,取出铜丝卷,迅速将燃烧舟放入燃烧管中,使其前端刚好在第一节炉炉口,再放入铜丝卷,塞上橡皮塞,保持氧气流量为120mL/min。1min后向净化系统移动第一节炉,使燃烧舟的一半进入炉子;2min后,移动炉体,使燃烧舟全部进入炉子;再2min后,使燃烧舟位于炉子中央。保温18min后,把第一节炉移回原位。2min后,取下吸收系统,将磨口塞关闭,用绒布擦净,在天平旁放置10min后称量(除氮管不必称量)。若第二个吸收二氧化碳U形管质量变化小于0.000 5g,计算时可忽略。

2)二节炉法试验步骤

(1)用二节炉进行碳氢测定时,第一节炉控温在(850±10)℃,第二节炉控温在(500±10)℃,并使第一节炉紧靠第二节炉,每次空白试验时间为20min,燃烧舟移至第一节炉子中心后,保温18min,其他操作同上述空白实验的规定进行。

(2)进行煤样试验时,燃烧舟移至第一节炉子中心后,保温13min,其他操作按三节炉法实验步骤中②和③的规定进行。

五、结果计算

测定结果的计算如下:

$$C_{ad} = \frac{0.272\,9\,m_1}{m} \times 100 \tag{1-22}$$

$$H_{ad} = \frac{0.111\,9\,(m_2 - m_3)}{m} \times 100 - 0.111\,9 M_{ad} \tag{1-23}$$

式中：C_{ad} 为一般分析煤样中碳的质量分数（%）；H_{ad} 为一般分析煤样中氢的质量分数（%）；m 为一般分析煤样质量（g）；m_1 为吸收二氧化碳 U 形管的增量（g）；m_2 为吸收 U 形管的增量（g）；m_3 为空白值（g）；M_{ad} 为一般分析煤样水分的质量分数（%）；0.272 9 为二氧化碳折算成碳的因数；0.111 9 为水折算成氢的因数。

当需要测定有机碳时，按式（1-24）计算有机碳（$C_{o,ad}$）的质量分数：

$$C_{o,ad} = \frac{0.272\,9\,m_1}{m} \times 100 - 0.272\,9\,(CO_2)_{ad} \tag{1-24}$$

式中：$(CO_2)_{ad}$ 为一般分析煤样中碳酸盐 CO_2 的质量分数（%）。

实验三 氮元素的测定

本实验根据《煤中氮的测定方法》(GB/T 19227—2008)中半微量开氏法制定，适用于煤和水煤浆中氮元素含量的测定。GB/T 19227—2008 还规定了半微量蒸汽法，适用于烟煤、无烟煤和焦炭，本实习教材不作介绍。

一、实验目的

(1) 了解煤中氮元素含量测定的意义。
(2) 学习和掌握半微量开氏法测定煤中氮元素含量的方法及原理。
(3) 了解半微量蒸汽法测定煤中氮的方法及原理。

二、实验原理

称取一定量的粒度小于 0.2mm 的空气干燥煤样，加入混合催化剂和硫酸，加热分解，氮转化为硫酸氢铵。加入过量的氢氧化钠溶液，把氨蒸出并吸收在硼酸溶液中。用硫酸标准溶液滴定，根据硫酸的用量，计算样品中氮的含量。此过程的主要化学反应如下。

(1) 消化反应：

$$煤(有机质) \xrightarrow[\Delta]{浓硫酸和催化剂} CO_2 \uparrow + CO \uparrow + H_2O \uparrow + SO_2 \uparrow + SO_3 \uparrow + NH_4HSO_4 + H_3PO_4 + N_2 \uparrow (极少) \tag{1-25}$$

(2)蒸馏分解反应：

$$NH_4HSO_4 + H_2SO_4 + NaOH(过量) \xrightarrow{\Delta} NH_3\uparrow + Na_2SO_4 + H_2O \qquad (1\text{-}26)$$

(3)吸收反应：

$$H_3BO_3 + xNH_3 \longrightarrow H_3BO_3 \cdot xNH_3 \qquad (1\text{-}27)$$

(4)滴定反应：

$$2H_3BO_3 \cdot xNH_3 + xH_2SO_4 \longrightarrow x(NH_4)_2SO_4 + 2H_3BO_3 \qquad (1\text{-}28)$$

三、实验设备和材料

1. 消化装置

(1)开氏瓶：容量 50mL。
(2)短颈玻璃漏斗：直径约 30mm。
(3)加热体：具有良好的导热性能以保证温度均匀，使用时四周以绝热材料缠绕，如石棉绳等。
(4)加热炉：有温控装置，能控温在 350℃。

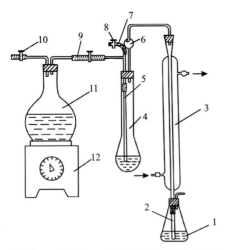

1.锥形瓶；2.玻璃管；3.直形玻璃冷凝管；4.开氏瓶；
5.玻璃管；6.开氏球；7.胶皮管夹；8.T形管；9.胶管；
10.弹簧夹；11.圆底烧瓶；12.加热电炉。

图 1-12 测定氮元素的蒸馏装置示意图

2. 蒸馏装置（图 1-12）

(1)开氏瓶：容量 250mL。
(2)锥形瓶：容量 250mL。
(3)直形玻璃冷凝管：冷却部分长约 300mm。
(4)开氏球：直径约 55mm。
(5)圆底烧瓶：容量 1000mL。
(6)加热电炉：额定功率 1000W，功率可调。
(7)微量滴定管：A 级，容量 10mL，分度值 0.05mL。
(8)分析天平：感量 0.1mg。

3. 试剂和材料

(1)混合催化剂：将无水硫酸钠、硫酸汞和化学纯硒粉按质量比 64∶10∶1（如 32g＋5g＋0.5g）混合，研细且混匀后备用。
(2)硫酸。
(3)高锰酸钾或铬酸酐。
(4)蔗糖。

(5)无水碳酸钠:优级纯、基准试剂或碳酸钠纯度标准物质。

(6)混合碱溶液:将氢氧化钠370g和硫化钠30g溶解于水中,配制成1000mL溶液。

(7)硼酸溶液:将30g硼酸溶入1L热水中,配制时加热溶解并滤去不溶物。

(8)0.025mol/L硫酸标准溶液。

(9)甲基橙指示剂:1g/L。0.1g甲基橙溶于100mL水中。

(10)甲基红和亚甲基蓝混合指示剂:称取0.175g甲基红,研细,溶入50mL 95%乙醇中,存于棕色瓶;称取0.083g亚甲基蓝,溶入50mL 95%乙醇中,存于棕色瓶。

使用时将上述溶液按体积比1:1混合。混合指示剂的使用期一般不应超过7d。

四、实验步骤

(1)在擦镜纸上称取粒度小于0.2mm的一般分析试验煤样0.2g(称准至0.000 2g),将试样包好,放入50mL开氏瓶中,加入混合催化剂2g和浓硫酸5mL。将开氏瓶放入铝加热体的孔中,并在瓶口插入一短颈漏斗,在铝加热体中心小孔处插入热电偶,接通电源缓缓加热到350℃左右,保持此温度,直到溶液清澈透明、黑色颗粒完全消失为止。

(2)将溶液冷却,用少量蒸馏水稀释后,将溶液移至250mL开氏瓶中,用蒸馏水充分洗净原开氏瓶中的剩余物,洗液并入250mL开氏瓶中,使瓶中溶液总体积约为100mL,然后将盛有溶液的开氏瓶放在蒸馏装置上。

(3)直形冷凝管上端与开氏球连接,冷凝管下端用胶皮管与玻璃管相连,直接插入一个盛有20mL硼酸溶液和2~3滴混合指示剂的锥形瓶中,管端插入溶液并距瓶底约2mm。

(4)往开氏瓶中加入25mL混合碱溶液,然后通入蒸汽进行蒸馏。蒸馏至锥形瓶中馏出液达到80mL为止,此时硼酸溶液由紫色变为绿色。

(5)拆下开氏瓶并停止供给蒸汽,取下锥形瓶,用水冲洗插入硼酸溶液中的玻璃管,洗液收入锥形瓶中,总体积约为110mL。

(6)用硫酸标准溶液滴定吸收硼酸溶液中的氨,溶液由绿色变为钢灰色即停止。根据硫酸的用量并校正空白值,即可计算出氮的质量分数。

(7)每日在试样分析前蒸馏装置须用蒸汽进行冲洗空蒸,待馏出物体积达100~200mL后,再正式放入试样进行蒸馏。蒸馏瓶中水的更换应在每日空蒸前进行,否则,应加入刚煮沸过的蒸馏水。

(8)空白值测定时采用0.2g蔗糖代替煤样,试验方法步骤同上。以硫酸标准溶液滴定体积相差不超过0.05mL的2个空白测定平均值作为当天(或当批)的空白值。

五、结果计算

测定结果的计算公式为:

$$N_{ad} = \frac{c(V_1 - V_2) \times 0.014}{m} \times 100 \tag{1-29}$$

式中：N_{ad} 为空气干燥煤样中氮的质量分数(%)；c 为硫酸标准溶液的浓度(mol/L)；m 为分析煤样质量(g)；V_1 为煤样试验时硫酸标准溶液的用量(mL)；V_2 为空白试验时硫酸标准溶液的用量(mL)；0.014 为氮的摩尔质量(g/mmoL)。

六、精密度

氮测定的重复性限和再现性临界差按表1-4规定。

表 1-4 氮测定结果的重复性限和再现性临界差

重复性限 N_{ad}/%	再现性临界差 N_d/%
0.08	0.15

七、注意事项

(1) 贫煤和无烟煤一般较难消解，所以在称样前应提前将样品的粒度研磨至0.1mm以下，或者再加入0.2~0.5g高锰酸钾进行消解。

(2) 蒸馏前应先检查蒸馏系统的气密性，并且将蒸馏系统用蒸汽进行冲洗空蒸，以达到清洗的目的。蒸馏之前，应一次加足蒸馏水，不得中途补加。

(3) 每次实验时都应同时进行空白的测定，更换水、试剂或仪器设备后也应进行空白实验。

实验四　煤中全硫的测定

国家标准《煤中全硫的测定方法》(GB/T 214—2007)规定了全硫的3种测定方法，即艾氏法、库仑滴定法和高温燃烧中和法。本实验根据GB/T 214—2007制定，适用于褐煤、烟煤、无烟煤和水煤浆。

一、实验目的

(1) 了解煤中全硫测定的意义。

(2)学习和掌握煤中全硫测定的原理、方法和步骤。

二、实验方法

(一)艾氏法

1. 实验原理

将煤样与艾氏试剂混合灼烧,煤中硫生成硫酸盐、硫酸根离子生成硫酸钡沉淀,根据硫酸钡的质量计算煤中全硫的含量。

主要的化学反应如下。

(1)煤的氧化作用:

$$煤 \xrightarrow{O_2} CO_2 \uparrow + H_2O + N_2 \uparrow + SO_2 \uparrow + SO_3 \uparrow \tag{1-30}$$

(2)氧化硫的固定作用:

$$2Na_2CO_3 + 2SO_3 + O_2 \xrightarrow{\Delta} 2Na_2SO_4 + 2CO_2 \uparrow \tag{1-31}$$

$$Na_2CO_3 + SO_3 \xrightarrow{\Delta} Na_2SO_4 + CO_2 \uparrow \tag{1-32}$$

$$MgO + SO_3 \longrightarrow MgSO_4 \tag{1-33}$$

$$2MgO + 2SO_2 + O_2 \xrightarrow{\Delta} 2MgSO_4 \tag{1-34}$$

(3)硫酸盐的转化作用:

$$CaSO_4 + Na_2CO_3 \xrightarrow{\Delta} CaCO_3 + Na_2SO_4 \tag{1-35}$$

(4)硫酸盐的沉淀作用:

$$MgSO_4 + Na_2SO_4 + 2BaCl_2 \longrightarrow 2BaSO_4 \downarrow + 2NaCl + MgCl_2 \tag{1-36}$$

2. 实验设备和材料

(1)分析天平:感量0.1mg。
(2)马弗炉:带温度控制装置,能升温到900℃,温度可调并可通风。
(3)艾氏剂:以2份质量的化学纯轻质氧化镁与1份质量的化学纯无水碳酸钠混匀并研细至粒度小于0.2mm后,保存在密闭容器中。
(4)盐酸溶液(1:1):1体积盐酸加1体积水混匀。
(5)氯化钡溶液:100g/L,10g氯化钡溶于100mL水中。
(6)甲基橙溶液:2g/L,0.2g甲基橙溶于100mL水中。
(7)硝酸银溶液:10g/L,1g硝酸银溶于100mL水中,加入几滴硝酸,贮于深色瓶中。
(8)瓷坩埚:容量为30mL和(10~20)mL两种。
(9)滤纸:中速定性滤纸和致密无灰定量滤纸。

3. 实验步骤

(1)在 30mL 瓷坩埚内称取粒度小于 0.2mm 的空气干燥煤样(1.00±0.01)g(称准至 0.000 2g)和艾氏剂 2g(称准至 0.1g),仔细混合均匀,再用 1g(称准至 0.1g)艾氏剂覆盖在煤样上面。

(2)将装有煤样的坩埚移入通风良好的马弗炉中,在 1～2h 内从室温逐渐加热到 800～850℃,并在该温度下保持 1～2h。

(3)将坩埚从马弗炉中取出,冷却到室温。用玻璃棒将坩埚中的灼烧物仔细搅松、捣碎(如发现有未烧尽的煤粒,应继续灼烧 30min),然后把灼烧物转移到 400mL 烧杯中。用热水冲洗坩埚内壁,将洗液收入烧杯,再加入 100～150mL 刚煮沸的蒸馏水,充分搅拌。如果此时尚有黑色煤粒漂浮在液面上,则本次测定作废。

(4)用中速定性滤纸以倾泻法过滤,用热水冲洗 3 次,然后将残渣转移到滤纸中,用热水仔细清洗至少 10 次,洗液总体积为 250～300mL。

(5)向滤液中滴入 2～3 滴甲基橙指示剂,用盐酸溶液中和并过量 2mL,使溶液呈微酸性。将溶液加热到沸腾,在不断搅拌下缓慢滴加氯化钡溶液 10mL,并在微沸状况下保持约 2h,溶液最终体积约为 200mL。

(6)溶液冷却或静置过夜后用致密无灰定量滤纸过滤,并用热水洗至无氯离子为止(硝酸银溶液检验无浑浊)。

(7)将带有沉淀的滤纸转移到已知质量的瓷坩埚中,低温灰化滤纸后,在温度为 800～850℃ 的马弗炉内灼烧 20～40min,取出坩埚,在空气中稍加冷却后放入干燥器中冷却到室温后称量。

(8)每配制一批艾氏剂或更换其他任何一种试剂时,应进行 2 次以上空白试验(除不加煤样外,全部操作都按此步骤进行),硫酸钡沉淀的质量极差不得大于 0.001 0g,取算术平均值作为空白值。

4. 结果计算

测定结果由下式计算:

$$S_{t,ad} = \frac{(m_1 - m_2) \times 0.137\ 4}{m} \times 100 \tag{1-37}$$

式中:$S_{t,ad}$ 为煤样中全硫质量分数(%);m_1 为灼烧后硫酸钡质量(g);m_2 为空白试验的硫酸钡质量(g);m 为煤样质量(g);0.137 4 为由硫酸钡换算成硫的系数。

5. 精密度

艾士卡法全硫测定的重复性限和再现性临界差如表 1-5 规定。

表 1-5 煤中全硫测定(艾士卡法)的重复性限和再现性临界差

全硫质量分数 S_t/%	重复性限 $S_{t,ad}$/%	再现性临界差 $S_{t,d}$/%
≤1.50	0.05	0.10
1.50 (不含)～4.00	0.10	0.20
>4.00	0.20	0.30

6. 注意事项

为避免硫酸钡形成细晶,切勿将 10mL 氯化钡溶液一次加入,而应分多次边搅拌边加入；在煮沸时,切勿使溶液溅出,以免造成误差。

(二)库仑滴定法

1. 实验原理

煤样在催化剂的作用下,于 1150℃ 下在空气流中燃烧分解,煤中各种形态的硫转化为二氧化硫和少量的三氧化硫,并随燃烧气体一起进入电解池。其中二氧化硫与水化合生成亚硫酸,与电解液中的碘发生反应,以电解碘化钾溶液所产生的碘进行滴定,根据电解所消耗的电量计算煤中全硫的含量。其化学反应式为

$$I_2 + H_2SO_3 + H_2O \rightarrow 2I^- + H_2SO_4 + 2H^+ \tag{1-38}$$

由于碘离子的生成,碘离子的浓度增大,使电解液中的碘—碘化钾电对的电位平衡遭到破坏。此时,仪器立即自动电解,使碘离子生成碘,以恢复电位平衡。电极反应如下：

$$阳极:2I^- - 2e \rightarrow I_2$$

$$阴极:2H^+ + 2e \rightarrow H_2$$

燃烧气体中二氧化硫的量越多,上述反应中消耗的碘就越多,电解消耗的电量就越大。当亚硫酸全部被氧化为硫酸时,根据电解碘离子生成碘所消耗的电量,由法拉第电解定律,可计算出煤中全硫质量。

2. 实验设备和材料

(1)库仑测硫仪(图 1-13)：由管式高温炉、电解池和电磁搅拌器、库仑积分器、送样程序控制器、空气供应及净化装置等组成。

(2)三氧化钨。

(3)变色硅胶：工业品。

(4)氢氧化钠：化学纯。

(5)电解液：称取碘化钾、溴化钾各 5.0g,溶于 250～300mL 水中并在溶液中加入冰乙酸 10mL。

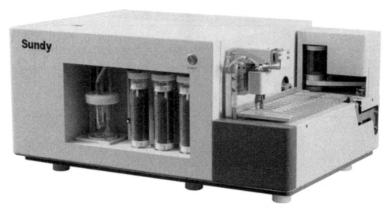

图 1-13　库仑测硫仪

(6)燃烧舟:素瓷或刚玉制品,装样部分长约 60mm,耐温 1200℃ 以上。

3. 实验步骤

(1)将管式高温炉升温至 1150℃,用另一组铂铑-铂热电偶高温计测定燃烧管中高温带的位置、长度及 500℃ 的位置。

(2)调节送样程序控制器,使煤样预分解及高温分解的位置分别处于 500℃ 和 1150℃ 处。

(3)在燃烧管出口处充填洗净、干燥的玻璃纤维棉;在距出口端 80~100mm 处充填厚度约 3mm 的硅酸铝棉。

(4)将程序控制器、管式高温炉、库仑积分器、电解池、电磁搅拌器和空气供应及净化装置组装在一起。燃烧管、活塞及电解池之间连接时应口对口紧接,并用硅橡胶管密封。

(5)开动抽气和供气泵,将抽气流量调节到 1000mL/min,然后关闭电解池与燃烧管间的活塞,若抽气量能降到 300mL/min 以下,则证明仪器各部件及各接口气密性良好,可以进行测定;否则应检查仪器各个部件及其接口情况。

4. 测定步骤

(1)将管式高温炉升温并控制在 (1150±10)℃。

(2)开动供气泵和抽气泵并将抽气流量调节到 1000mL/min。在抽气下,将电解液加入电解池内,开动电磁搅拌器。

(3)在瓷舟中放入少量非测定用的煤样,按照实验步骤(4)进行终点电位调整实验。如实验结束后库仑积分器的显示值为 0,应再次测定,直至显示值不为 0。

(4)在瓷舟中称取粒度小于 0.2mm 的空气干燥煤样 (0.05±0.005)g(称准至 0.000 2g),并在煤样上均匀覆盖一薄层三氧化钨。将瓷舟放在送样的石英托盘上,开启送样程序控制器,煤样即自动送进炉内,库仑滴定随即开始。实验结束后,库仑积分器显示出硫的质量(mg)或质量分数,或由打印机打印。

5. 结果计算

当库仑积分器最终显示数为硫的毫克数时,全硫质量分数按式(1-39)计算:

$$S_{t,ad} = \frac{m_1}{m} \times 100\% \tag{1-39}$$

式中:$S_{t,ad}$为煤样中全硫质量分数(%);m_1为库仑积分器显示值(mg);m为煤样质量(mg)。

6. 精密度

库仑滴定法全硫测定的重复性限和再现性临界差如表1-6规定。

表1-6 煤中全硫测定(库仑滴定法)的重复性限和再现性临界差

全硫质量分数 S_t/%	重复性限 $S_{t,ad}$/%	再现性临界差 $S_{t,d}$/%
≤1.50	0.05	0.15
1.50（不含）～4.00	0.10	0.25
＞4.00	0.20	0.35

7. 注意事项

(1)在进行测试之前,仪器必须预热半小时以上,否则可能会使测试结果不准确。

(2)仪器使用时温度非常高,为避免烫伤,在取试样坩埚时应始终使用钳子或镊子。

(3)仪器应防止灰尘及腐蚀性气体侵入,并在干燥环境中使用,若长期不用应罩好,需定期通电升温做几个废样。

(三)高温燃烧中和法

1. 实验原理

煤样在催化剂作用下于氧气流中燃烧。煤中硫生成硫化物,被过氧化氢溶液吸收,形成硫酸溶液。用氢氧化钠溶液中和滴定,根据消耗的氢氧化钠标准溶液量,计算煤中全硫含量。

煤燃烧时,煤中的氯生成氯气,在过氧化氢的作用下生成盐酸。用氢氧化钠滴定硫酸时,生成的盐酸也与氢氧化钠反应生成NaCl,多消耗了氢氧化钠标准溶液,计算全硫含量时应扣除这部分氢氧化钠的量。由于NaCl可与羟基氰化汞反应生成氢氧化钠,再用硫酸标准溶液滴定,即可计算出与盐酸反应的氢氧化钠的量。扣除后,即可计算出全硫含量,同时还可以得到氯含量。

高温燃烧中和法的主要反应过程用下列各式表示:

$$煤 \xrightarrow{1250℃} SO_2\uparrow + H_2O + CO_2\uparrow + Cl_2\uparrow + \cdots \tag{1-40}$$

硫的吸收:

$$SO_2 + H_2O_2 \longrightarrow H_2SO_4 + H_2O \tag{1-41}$$

$$SO_3 + H_2O \longrightarrow H_2SO_4 \tag{1-42}$$

氯的吸收：

$$Cl_2 + H_2O_2 \longrightarrow 2HCl + O_2 \tag{1-43}$$

硫、氯与碱的中和：

$$2HCl + H_2SO_4 + 4NaOH \longrightarrow Na_2SO_4 + 2NaCl + 4H_2O \tag{1-44}$$

氯化钠转变成定量的 NaOH：

$$NaCl + Hg(OH)CN \longrightarrow HgCl(CN) + NaOH \tag{1-45}$$

测定氯含量的间接反应：

$$2NaOH + H_2SO_4 \longrightarrow Na_2SO_4 + 2H_2O \tag{1-46}$$

2. 实验设备和材料

1）实验设备

(1) 管式高温炉：能加热到 1250℃，并有 80mm 长的 (1200±10)℃ 高温恒温带，附有铂铑-铂热电偶测温和控温装置。

(2) 异径燃烧管：耐温 1300℃ 以上，总长约 750mm；一端外径约 22mm，内径约 19mm，长约 690mm；另一端外径约 10mm，内径约 7mm，长约 60mm。

(3) 氧气流量计：测量范围 0～600mL/min。

(4) 吸收瓶：250mL 或 300mL 锥形瓶。

(5) 气体过滤器：由 G1—G3 型玻璃熔板制成。

(6) 干燥塔：容积 250mL，下部 (2/3) 装碱石棉，上部 (1/3) 装无水氯化钙。

(7) 贮气桶：容量为 30～50L。注：用氧气钢瓶正压供气时可不配备贮气桶。

(8) 酸滴定管：25mL 和 10mL 两种。

(9) 碱滴定管：25mL 和 10mL 两种。

(10) 镍铬丝钩：用直径约 2mm 的镍铬丝制成，长约 700mm，一端弯成小钩。

(11) 带橡皮塞的 T 形管（图 1-14）。

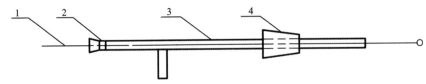

1. 镍铬丝推棒，直径约 2mm，长约 700mm，一端卷成直径约 10mm 的圆环；2. 翻胶帽；
3. T 形玻璃管：外径为 7mm，长约 60mm，垂直支管长约 30mm；4. 橡皮塞。

图 1-14 带橡皮塞的 T 形管

(12) 洗耳球。

(13) 燃烧舟：瓷或刚玉制品，耐温 1300℃ 以上，长约 77mm，上宽约 12mm，高约 8mm。

2）试剂与材料

(1) 氧气：纯度 99.5%。

(2)碱石棉:化学纯,粒状。

(3)三氧化钨。

(4)无水氯化钙:化学纯。

(5)混合指示剂:将0.125g甲基红溶于100mL乙醇中;另将0.083g亚甲基蓝溶于100mL乙醇中,分别贮存于棕色瓶中,使用前按等体积混合。

(6)邻苯二甲酸氢钾:优级纯。

(7)酚酞溶液:1g/L,0.1g酚酞溶于100mL60%的乙醇溶液中。

(8)过氧化氢溶液:体积分数为3%。取30mL质量分数为30%的过氧化氢加入970mL水,加2滴混合指示剂,用稀硫酸溶液或稀氢氧化钠溶液中和至溶液呈钢灰色。此溶液应当天使用当天中和。

(9)氢氧化钠标准溶液:$c(\mathrm{NaOH}) = 0.03\mathrm{mol/L}$。

(10)羟基氰化汞溶液:称取6.5g左右羟基氰化汞,溶于500mL去离子水中,充分搅拌后,放置片刻,过滤。往滤液中加入2~3滴混合指示剂,用稀硫酸溶液中和,贮存于棕色瓶中。此溶液有效期为7d。

(11)碳酸钠纯度标准物质。

(12)硫酸标准溶液:$c\left(\frac{1}{2}\mathrm{H_2SO_4}\right) = 0.03\mathrm{mol/L}$。

3. 实验步骤

(1)把燃烧管插入高温炉,使细径管端伸出炉口100mm,并接上一段长约30mm的硅橡胶管。

(2)将高温炉加热使温度稳定在(1200±10)℃,测定燃烧管内高温恒温带及500℃温度带部位和度。

(3)将干燥塔、氧气流量计、高温炉的燃烧管和吸收瓶连接好,并检查装置的气密性。

4. 测定步骤

(1)将高温炉加热并控制温度在(1200±10)℃。

(2)用量筒分别量取100mL已中和的过氧化氢溶液,倒入2个吸收瓶中,塞上带有气体过滤器的瓶塞并连接到燃烧管的细径端,再次检查其气密性。

(3)称取粒度小于0.2mm的空气干燥煤样(0.20±0.01)g(称准至0.000 2g)于燃烧舟中,并盖上一薄层三氧化钨。

(4)将盛有煤样的燃烧舟放在燃烧管入口端,随即用带橡皮塞的T形管塞紧,然后以350mL/min的流量通入氧气。用镍铬丝推棒将燃烧舟推到500℃温度区并保持5min,再将燃烧舟推到高温区,立即撤回推棒,使煤样在该区燃烧10min。

(5)停止通入氧气,先取下靠近燃烧管的吸收瓶,再取下另一个吸收瓶。

(6)取下带橡皮塞的T形管,用镍铬丝钩取出燃烧舟。

(7) 取下吸收瓶塞,用蒸馏水清洗气体过滤器 2～3 次。清洗时,用洗耳球加压,排出洗液。

(8) 分别向 2 个吸收瓶内加入 3～4 滴混合指示剂,用氢氧化钠标准溶液滴定至溶液由桃红色变为钢灰色,记下氢氧化钠溶液的用量。

(9) 此外,在燃烧舟内放一薄层三氧化钨(不加煤样),按上述步骤测定空白值。

5. 结果计算

用氢氧化钠标准溶液的浓度计算试样中的全硫:

$$S_{t,ad} = \frac{(V-V_0) \times c \times 0.016 \times f}{m} \times 100 \tag{1-47}$$

式中:$S_{t,ad}$ 为一般分析试验煤样中全硫质量分数(%);V 为煤样测定时氢氧化钠标准溶液的用量(mL);V_0 为空白试验时氢氧化钠标准溶液的用量(mL);c 为氢氧化钠标准溶液的浓度(mol/L);0.016 为硫的摩尔质量(g/mmol);f 为校正系数,当 $S_{t,ad}<1\%$ 时,$f=0.95$;$S_{t,ad}$ 为 1%～4% 时,$f=1.00$;$S_{t,ad}>4\%$ 时,$f=1.05$;m 为一般分析试验煤样的质量(g)。

氯的校正:氯含量高于 0.02% 的煤或用氯化锌减灰的精煤应按以下方法进行氯的校正:在氢氧化钠标准溶液滴定到终点的试液中加入 10mL 羟基氰化汞溶液,用硫酸标准溶液滴定到溶液由绿色变为钢灰色,记下硫酸标准溶液的用量,按式(1-48)计算全硫含量:

$$S_{t,ad} = S_{t,ad}^n - \frac{c \times V_2 \times 0.016}{m} \times 100 \tag{1-48}$$

式中:$S_{t,ad}$ 为一般分析试验煤样中全硫的质量分数(%);$S_{t,ad}^n$ 为按式(1-47)计算的全硫质量分数(%);V_2 为硫酸标准溶液的体积(mL);c 为硫酸标准溶液的浓度(mol/L);0.016 为硫的摩尔质量(g/mmol);m 为一般分析试验煤样的质量(g)。

6. 精密度

高温燃烧中和法全硫测定的重复性限和再现性临界差如表 1-7 规定。

表 1-7 高温燃烧中和法全硫测定的重复性限和再现性

全硫质量分数 S_t/%	重复性限 $S_{t,ad}$/%	再现性临界差 $S_{t,d}$/%
≤1.50	0.05	0.15
1.50(不含)～4.00	0.10	0.25
>4.00	0.20	0.35

7. 注意事项

(1) 使用橡皮塞塞紧盛放氢氧化钠溶液的瓶子,以免因吸收空气中的二氧化碳而改变其浓度。

(2)过氧化氢溶液中和后需当天使用,过夜则溶液略呈微弱酸性,因此,使用前必须重新中和。

(3)整个系统必须气密,否则影响测定结果。

实验五　煤中各种形态硫的测定

煤中的硫主要以硫化铁、硫酸盐和有机硫等形态存在。国家标准《煤中各种形态硫的测定方法》(GB/T 215—2003)规定了煤中硫酸盐硫、硫化铁硫测定方法原理和测定步骤。本实验根据 GB/T 215—2003 制定,适用于褐煤、烟煤和无烟煤。

一、实验目的

(1)了解煤中各种形态硫的存在状态和测定意义。
(2)掌握煤中各种形态硫的测定方法,分析形态硫与全硫的关系。

二、硫酸盐硫的测定

1. 实验原理

硫酸盐硫能溶于稀盐酸,而硫化铁硫和有机硫均不与稀盐酸作用。因此,用稀盐酸煮沸煤样,浸取煤中硫酸盐硫并使其生成硫酸钡沉淀,根据硫酸钡的质量,计算煤中硫酸盐硫含量。

反应式如下:

$$CaSO_4 \cdot 2H_2O + 2HCl \longrightarrow CaCl_2 + H_2SO_4 + 2H_2O \tag{1-49}$$

$$FeSO_4 \cdot 7H_2O + 2HCl \longrightarrow FeCl_2 + H_2SO_4 + 7H_2O \tag{1-50}$$

$$H_2SO_4 + BaCl_2 \longrightarrow BaSO_4 \downarrow + 2HCl \tag{1-51}$$

2. 实验设备和材料

1)实验设备
(1)分析天平:感量为 0.1mg。
(2)马弗炉:能升温到 900℃并可调节温度,通风良好。
(3)电热板或砂浴:温度可调。
(4)烧杯:容量 250~300mL。
(5)表面皿:直径 100mm。

(6)瓷坩埚:光滑,容量10～20mL。

2)试剂和材料

(1)盐酸溶液:5mol/L,取417mL盐酸,加水稀释至1000mL,摇匀备用。

(2)氨水溶液:体积比为1∶1。

(3)氯化钡溶液:100g/L,称取氯化钡10g,溶于100mL水中。

(4)过氧化氢。

(5)硫氰酸钾溶液:20g/L,称取2g硫氰酸钾溶于100mL水中。

(6)硝酸银溶液:10g/L,称取1g硝酸银溶于100mL水中,并滴加数滴硝酸,混匀,储于棕色瓶中。

(7)乙醇:95%以上。

(8)甲基橙溶液:2g/L,称取0.2g甲基橙溶于100mL水中。

(9)铝粉:分析纯。

(10)锌粉:分析纯。

(11)滤纸:慢速定性滤纸和慢速定量滤纸。

3. 实验步骤

(1)准确称取粒度小于0.2mm的空气干燥煤样(1±0.1)g(称准到0.0002g),放入烧杯中,加入0.5～1mL乙醇润湿,然后加入50mL浓度为5mol/L的盐酸溶液,盖上表面皿,摇匀,在电热板上加热,微沸30min。

(2)稍冷后,先用倾泻法通过慢速定性滤纸过滤,用热水洗煤样数次,然后将煤样全部转移到滤纸上,并用热水洗到无铁离子为止(用20g/L硫氰酸钾溶液检查,如溶液无色,说明无铁离子)。过滤时如有煤粉穿过滤纸,则重新过滤,如滤液呈黄色,需加入0.1g铝粉或锌粉,微热使黄色消失后再过滤,用水洗到无氯离子为止(用10g/L硝酸银溶液检查,如溶液不浑浊,说明无氯离子),过滤毕,将煤样与滤纸一起叠好后放入原烧杯中,供测定硫化铁硫用。

(3)向滤液中加入2～3滴甲基橙指示剂,用氨水中和至微碱性(溶液呈黄色),再加盐酸调至溶液成微酸性(溶液呈红色),再过量2mL,加热到沸腾,在不断搅拌下滴加10%氯化钡溶液10mL,放在电热板上或砂浴上微沸2h或放置过夜,最后保持溶液的体积在200mL左右。

(4)用慢速定量滤纸过滤,并用热水洗到无氯离子为止。

(5)将沉淀连同滤纸移入已恒重的瓷坩埚中,先在低温下(300℃左右)灰化滤纸,然后在800～850℃马弗炉中灼烧40min。取出坩埚,在空气中稍稍冷却后,放入干燥器中冷却至室温,称量。

(6)按照(1)～(5)规定的步骤(不加煤样)进行空白测定,取两次测定的平均值作为空白值。

4. 结果计算

空气干燥煤样中硫酸盐硫的质量分数 $S_{s,ad}$(%)按下式计算:

$$S_{s,ad} = \frac{(m_1 - m_0) \times 0.137\ 4}{m} \times 100 \tag{1-52}$$

式中：m_1 为煤样测定的硫酸钡质量(g)；m_0 为空白测定的硫酸钡质量(g)；m 为煤样质量(g)；0.137 4 为硫酸钡换算成硫的系数。

5. 精密度

硫酸盐硫测定的重复性限和再现性临界差如表 1-8 规定。

表 1-8 硫酸盐硫测定的重复性限和再现性临界差

重复性限 $S_{s,ad}/\%$	再现性临界差 $S_{s,d}/\%$
0.03	0.10

三、硫化铁硫的测定

(一)氧化法

1. 实验原理

用盐酸浸取煤中非硫化铁中的铁，浸取后的煤样用稀硝酸浸取，以重铬酸钾滴定硝酸浸取液中的铁，再以铁的质量计算煤中硫化铁硫含量。

2. 实验设备和材料

1)实验设备
(1)干燥箱：能保持温度(150±5)℃。
(2)表面皿：直径100mm。
(3)烧杯：容量(250~300)mL。
2)试剂和材料
(1)硝酸溶液：体积比为1:7。
(2)氨水溶液：体积比为1:1。
(3)过氧化氢。
(4)盐酸溶液：$c(HCl)=5mol/L$，取 417mL 盐酸加水稀释至 1000mL，摇匀备用。
(5)硫酸-磷酸混合液：量取 150mL 硫酸(相对密度1.84)和 150mL 磷酸小心混合，将此混合液倒入 700mL 水中，混匀，备用。
(6)二氯化锡溶液：100g/L；称取 10g 二氯化锡溶于 50mL 浓盐酸中，加水稀释到 100mL(用时现配)。
(7)氯化汞饱和溶液：称取 80g 氯化汞溶于 1000mL 水中。

(8)重铬酸钾标准溶液:$c(1/6K_2Cr_2O_7)=0.05$ mL。准确称取预先在150℃下干燥至质量恒定的优级纯重铬酸钾2.451 8g,溶于少量水中,溶液转入1L容量瓶中,用水稀释到刻度值。

(9)二苯胺磺酸钠指示剂:2g/L,称取0.2g二苯胺磺酸钠溶于100mL水中,储于棕色瓶中备用。

(10)硫氰酸钾:20g/L,称取2g硫氰酸钾溶于100mL水中。

(11)滤纸:慢速和快速定性滤纸。

3. 实验步骤

(1)在盐酸浸取的煤样中加入50mL硝酸溶液,盖上表面皿,煮沸30min,用水冲洗表面皿,用慢速定性滤纸过滤,并用热水洗到无铁离子为止(用硫氰酸钾溶液检查)。

(2)在滤液中加入2mL过氧化氢,煮沸约5min,以消除由于煤样分解产生的颜色(对于煤化程度低的煤种,可多加过氧化氢直至棕色消失)。

(3)在煮沸的溶液中加入氨水溶液至出现氢氧化铁沉淀,待沉淀完全时,再加2mL氨水溶液。将溶液煮沸,用快速定性滤纸过滤,用热水冲洗沉淀和烧杯壁1~2次。穿破滤纸,用热水把沉淀洗到原烧杯中,把沉淀转移到滤纸中,并用10mL盐酸溶液冲洗滤纸四周,以溶下滤纸上痕量铁,再用热水洗涤滤纸数次至无铁离子为止。

(4)盖上表面皿,将溶液加热到沸腾,至溶液体积为20~30mL时,测定硫化铁硫溶液体积和颜色。在不断搅拌下,滴加二氯化锡溶液直到黄色消失并多加2滴,迅速冷却后,用水冲洗表面皿和烧杯壁,加入10mL氯化汞饱和溶液直到白色丝状的氯化亚汞沉淀形成。放置片刻,用水稀释到100mL,加入15mL硫酸-磷酸混合液和5滴二苯胺磺酸钠指示剂,用重铬酸钾标准溶液滴定,直到溶液呈稳定的紫色,记下消耗的标准溶液体积。

(5)按照(1)~(4)规定的步骤(不加煤样)进行空白测定,取两次测定的平均值作为空白值。

4. 结果计算

空气干燥煤样中硫化铁硫的质量分数 $S_{p,ad}(\%)$ 按下式计算:

$$S_{p,ad} = \frac{(V_1 - V_0) \times c}{m} \times 0.055\ 85 \times 1.148 \times 100 \tag{1-53}$$

式中:V_1为煤样测定时重铬酸钾标准溶液用量(mL);V_0为空白测定时重铬酸钾标准溶液用量(mL);c为重铬酸钾标准溶液的浓度(mol/L);0.055 85为铁的毫摩尔质量(g/mmol);1.148为铁换算成硫化铁硫的系数;m为煤样质量(g)。

(二)原子吸收分光光度法

1. 实验原理

用盐酸浸取煤中非硫化铁中的铁,浸取后的煤样用稀硝酸浸取,以原子吸收分光光度法测定硝酸浸取液中的铁,再按 FeS_2 中的铁与硫的比值计算煤中硫化铁硫的含量。

2. 实验设备和材料

1)实验设备

(1)原子吸收分光光度计。
(2)光源:铁元素空心阴极灯。
(3)电热板:温度可调。
(4)容量瓶:容量 100mL 和容量 200mL。
(5)烧杯:容量 250~300mL。
(6)表面皿:直径 100mm。

2)试剂和材料

(1)硝酸溶液:体积比为 1:7。
(2)硝酸溶液:体积比为 1:1。
(3)铁标准储备溶液:1mg/mL。称取 1.000 0g(称准到 0.000 2g)高纯铁(99.99%)于 300mL 烧杯中,加 50mL 硝酸,置于电热板上缓缓加热至溶解完全,然后冷至室温,移入 1000mL 容量瓶中,用水稀释到刻度,摇匀转入塑料瓶中。
(4)铁标准工作溶液:200μg/mL。准确吸取铁标准储备溶液 100mL 于 500mL 容量瓶中,加水稀释至刻度,摇匀转入塑料瓶中。
(5)硫氰酸钾溶液:20g/L。称 2g 硫氰酸钾溶于 100mL 水中。
(6)滤纸:慢速定性滤纸。

3. 实验步骤

(1)样品母液的制备:在盐酸浸过的煤样中加入 50mL 体积比为 1:7 的硝酸溶液,盖上表面皿,置于电热板上加热微沸 30min 后,用慢速定性滤纸过滤于 200mL 容量瓶中,用热水洗到无铁离子为止(用硫氰酸钾溶液检查),冷至室温后加水至刻度,摇匀。
(2)待测样品溶液的制备:用移液管从上述母液中准确吸取 5mL 于 100mL 容量瓶中,加 2mL 体积比为 1:1 的硝酸溶液,用水稀释至刻度,摇匀。
(3)空白溶液的制备:按照(1)~(2)规定的步骤(不加煤样)制备空白溶液。
(4)标准系列溶液的制备:用单标记移液管吸取铁标准工作液 0mL、1.0mL、2.0mL、3.0mL、4.0mL、5.0mL,分别置于 200mL 容量瓶中,加入 4mL 体积比为 1:1 的硝酸溶液,加水稀释到刻度,摇匀。
(5)仪器工作条件的确定:除规定的铁的分析波长 248.3nm 和使用的火焰气体外,仪器的其他参数——灯电流、通带宽度、燃烧高度、燃助比等调至最佳值。
(6)铁的测定:按确定的仪器工作条件,分别测定样品溶液、空白溶液和标准系列溶液的吸光度。以标准系列中铁的浓度(μg/mL)为横坐标,以相应溶液的吸光度为纵坐标,绘制铁的浓度曲线。根据样品溶液和空白溶液的吸光度,从曲线中查出铁的浓度。

4. 结果计算

空气干燥煤样中硫化铁硫的质量分数 $S_{p,ad}$(%)按下式计算：

$$S_{p,ad} = \frac{c_1 - c_0}{m \times V} \times 1.148 \times 2 \tag{1-54}$$

式中：$S_{p,ad}$ 为空气干燥煤样中硫化铁硫的质量分数(%)；c_1 为待测样品溶液中铁的浓度(μg/mL)；c_0 为空白溶液中铁的浓度(μg/mL)；V 为分取的样品母液的体积(mL)；1.148 为铁换算成硫化铁硫的系数；m 为煤样质量(g)。

5. 精密度

硫化铁硫测定的重复性限和再现性临界差如表 1-9 规定。

表 1-9　硫化铁硫测定的重复性限和再现性临界差

硫化铁硫的质量分数/%	重复性限 $S_{s,ad}$/%	再现性临界差 $S_{p,ad}$/%
≤1.00	0.05	0.10
1.00(不含)~4.00	0.10	0.20
>4.00	0.20	0.30

6. 有机硫的计算

有机硫的计算：

$$S_{o,ad} = S_{t,ad} - (S_{s,ad} + S_{p,ad}) \tag{1-55}$$

式中：$S_{o,ad}$ 为空气干燥煤样中有机硫含量(%)；$S_{t,ad}$ 为空气干燥煤样中全硫含量(%)；$S_{s,ad}$ 为空气干燥煤样中硫酸盐硫含量(%)；$S_{p,ad}$ 为空气干燥煤样中硫化铁硫含量(%)。

第二章　煤的工艺性质

煤的工艺性质是指煤在一定的加工工艺条件下或某些转化过程中所呈现的特性。不同的加工利用方法对煤的工艺性质有不同的要求，为了正确地评价煤质，合理使用煤炭资源并满足各种工业用煤的质量要求，必须了解煤的各种工艺性质。

第一节　煤的黏结性和结焦性

由于煤的黏结性和结焦性对于许多工业生产部门都至关重要，因而出现了多种测定煤黏结性和结焦性的方法。测定煤黏结性和结焦性的方法可以分为以下3类。

(1)根据胶质体黏结惰性物质能力的强弱进行测定，如黏结指数和罗加指数。
(2)根据胶质体的数量和质量进行测定，如胶质层指数、奥阿膨胀度和吉氏流动度。
(3)根据所得焦块的外形进行测定，如坩埚膨胀序数和格金焦指数。

实验六　烟煤黏结指数测定

黏结指数是评价烟煤黏结性的主要指标之一。黏结性的强弱直接影响炼焦的工艺过程及焦炭的机械强度。本实验根据《烟煤黏结指数测定方法》(GB/T 5447—2014)制定。

1. 实验目的

掌握烟煤黏结指数测定的基本原理，学会操作方法步骤。

2. 实验原理

将一定质量的试验煤样和专用无烟煤，在规定的条件下混合后快速加热成焦，所得焦块使用转鼓进行强度检验，计算其黏结指数($G_{R,I}$)以表示试验煤样的黏结能力。

3. 实验设备及材料

(1)转鼓实验装置：主要由转鼓、变速器和电动机组成,转鼓转速(50±0.5)r/min。

(2)转鼓：内径200mm、深70mm,壁上有两块相距180°、宽为30mm、厚为3mm的挡板。转鼓实物见图2-1。

图2-1 转鼓

(3)压力器：能以6kg质量压力垂直压紧试验煤样与专用无烟煤混合物的仪器(图2-2),置于平稳固定的水平台面上。

(4)坩埚：带盖的瓷质坩埚,见图2-3。

图2-2 压力器

图2-3 带盖坩埚

(5)压块：镍铬钢制,质量为110～115g,规格尺寸见图2-4。

(6)搅拌丝：由直径1.0～1.5mm硬质金属丝(如钢丝)制成。

(7)坩埚架：由直径3～4mm镍铬丝制成,规格尺寸见图2-5。

(8)分析天平：最小分度值1mg。

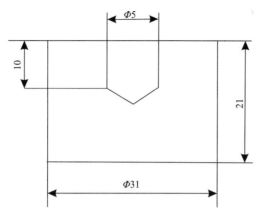

图 2-4 压块(单位:mm)

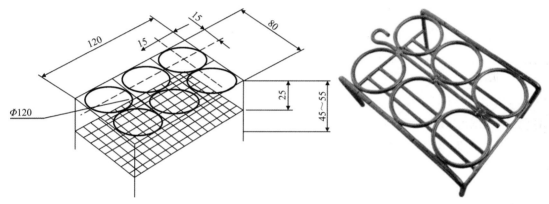

图 2-5 坩埚架示意图(单位:mm)和坩埚架实物图

(9)马弗炉:能控制温度为(850±10)℃,炉膛恒温区长度不小于120mm。炉后壁有一个排气孔和一个插热电偶的小孔,小孔位置应使热电偶插入炉内后其接点在坩埚底和炉底之间,距炉底20~30mm处。马弗炉的恒温区每年至少测定一次,高温计和热电偶每年应检定一次。

(10)圆孔筛:筛孔直径1mm。

(11)平铲:手柄长600~700mm,平铲外形尺寸(长×宽×厚)约200mm×20mm×1.5mm。

(12)秒表,干燥器(内盛变色硅胶),镊子,刷子。

(13)专用无烟煤 $A_d<4\%$,$V_{daf}<7\%$,粒度为0.1~0.2mm,0.1mm筛下率不大于7%,我国规定采用宁夏汝箕沟无烟煤。

4. 实验准备

(1)试验煤样按《煤样的制备方法》(GB/T 474—2008)规定逐级破碎缩分制备成粒度小于0.2mm的一般分析试验煤样,其中粒度为0.1~0.2mm的煤样比例应在20%~35%之间。

(2)试验煤样应装在密封的容器内,试验前应充分混合均匀,制样后到试验时间不应超过5d,如果超过5d,应在报告中注明制样和试验时间。

5. 实验步骤

(1)先称取 5.00g 专用无烟煤,再称 1.00g 试验煤样放入坩埚,质量称准至 0.001g。

(2)用搅拌丝将坩埚内的混合物搅拌 2min。搅拌方法是:坩埚作 45°左右倾斜,逆时针方向转动,转速为 15r/min,搅拌丝按同样倾角做顺时针方向转动,转速约为 150r/min,搅拌时搅拌丝的圆环应与坩埚壁和底相连的圆弧部分接触。经 1′45″后,一边继续搅拌,一边将坩埚和搅拌丝逐渐转到垂直位置,约 2min 时,搅拌结束。搅拌过程中应防止煤样外溅。

(3)搅拌后,将坩埚壁上的煤粉用刷子轻轻扫下,用搅拌丝将混合物小心地拨平,并使沿坩埚壁的层面略低 1~2mm,以便压块将混合物压紧后,使煤样表面处于同一水平面。

(4)用镊子夹压块置于坩埚中央,然后将其置于压力器下,加压 30s。

(5)加压结束后,压块仍保留在混合物上,盖上坩埚盖,注意在上述整个过程中,盛有样品的坩埚,应轻拿轻放,避免受到撞击与振动。

(6)将马弗炉预先加热至 850℃ 左右。打开炉门,迅速将放有坩埚的坩埚架送入恒温区,立即关上炉门并计时,准确加热 15min。坩埚和坩埚架放入后,要求炉温在 6min 内恢复至 (850±10)℃,此后一直保持在(850±10)℃。加热时间包括温度恢复时间。

(7)从炉中取出坩埚,放在空气中冷却到室温,若不立即进行转鼓实验,则将坩埚移入干燥器中。

(8)从坩埚中取出压块,当压块上附有焦屑时,应刷入坩埚内。称量焦渣总质量,然后将其放入转鼓内,进行转鼓实验(每次 250r,5min),第一次转鼓实验后的焦渣用 1mm 圆孔筛进行筛分后,称量筛上的质量;然后将筛上物放入转鼓中进行第二次试验。

(9)当测得的黏结指数小于 18 时,需更改专用无烟煤和试验煤样的比例为 3∶3,即称取 3.00g 专用无烟煤和 3.00g 试验煤样,重新试验。

6. 结果表达

专用无烟煤和试验煤样的比例为 5∶1 时,黏结指数($G_{R.I}$)计算公式如下:

$$G_{R.I} = 10 + \frac{30 m_1 + 70 m_2}{m} \tag{2-1}$$

专用无烟煤和试验煤样的比例为 3∶3 时,黏结指数($G_{R.I}$)计算公式如下:

$$G_{R.I} = \frac{30 m_1 + 70 m_2}{5m} \tag{2-2}$$

式中:m_1 为第一次转鼓试验后,筛上物的质量(g);m_2 为第二次转鼓试验后,筛上物的质量(g);m 为焦化处理后焦渣总质量(g)。

7. 方法精密度

烟煤的黏结指数的重复性限和再现性临界差按表 2-1 规定。

表 2-1 烟煤黏结指数测定的重复性限和再现性临界差

黏结指数 $G_{R.1}$	重复性限	再现性临界差
≥18	3	4
<18	1	2

8. 注意事项

(1)在实验过程中,避免对混合试样的撞击或振动,以免离析;焦化后的焦块不得受到撞击,以免造成人为破坏而影响转鼓试验结果。

(2)转鼓转速和时间。转鼓转速和时间与研磨力或破坏力的大小息息相关。速度越快,时间越长,焦块所受的研磨力也越大,G 值就越小,因此实验中采用的转鼓速度必须保证为 (50±0.5)r/min,并且保证转动时间在 5min 时,总转数为(250±10)r。

(3)坩埚在马弗炉内的放置位置。测定样品黏结指数时,需要两次重复实验,同一样品的两个坩埚应放在不同炉次焦化,且两次焦化同一样品的两个坩埚应放在坩埚架的对角位置来进行。

实验七 烟煤胶质层指数测定

胶质层指数是评价炼焦煤质量和指导配煤炼焦的重要指标,通常由胶质体的最大厚度表示。本实验根据《烟煤胶质层指数测定方法》(GB/T 479—2016)制定。

1. 实验目的

(1)掌握胶质层指数测定的原理、方法及具体操作步骤,重点掌握胶质层最大厚度的测定方法。深入了解胶质层最大厚度与煤化度的关系,以及体积曲线与煤的胶质体性质的关系。

(2)了解胶质层指数测定仪的构造以及在加热过程中煤杯内煤样的变化特征。

2. 实验原理

将一定量的煤样装入煤杯,煤杯放在特制的电炉内以规定的升温速度进行单侧加热,煤样相应形成半焦层、胶质层和未软化的煤样层 3 个等温层面,用探针测量出胶质层最大厚度 Y,根据试验记录的体积曲线测得最终收缩度 X。

3. 实验设备和材料

1)仪器设备

(1)胶质层指数测定仪。有带平衡铊(图 2-6)和不带平衡铊(除无平衡铊外,其余构造同图 2-6)两种类型。测定时,煤样横断面上所承受的压强 p 应为 $9.8×10^4$ Pa。

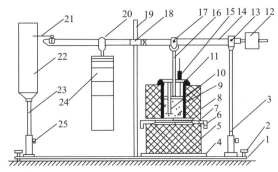

1.底座;2.水平螺丝;3.立柱;4.石棉板;5.下部砖垛;6.接线夹;7.硅碳棒;8.上部砖垛;9.煤杯;
10.热电偶套(铁)管;11.压板;12.平衡砣;13,17.活轴;14.杠杆;15.探针;16.压力盘;18.方向控制板;
19.方向柱;20.砝码挂钩;21.记录笔;22.记录转筒;23.记录转筒支柱;24.砝码;25.固定螺丝。

图 2-6 带平衡铊的胶质层指数测定仪示意图

(2)加热炉。加热炉由上部砖垛、下部砖垛和电热元件组成。

(3)程序控温仪。能如下控制加热炉温度:温度低于250℃时,升温速度约为8℃/min;温度达到250℃以上时,升温速度为3℃/min。温度在350~600℃时,显示温度与应达到的温度差值不超过5℃,其余时间内不应超过10℃。

(4)记录装置。若使用记录转筒,转筒应平稳匀速运转,记录笔 160min 绘线长度为(160±2)mm。应定期检查记录转筒转速,检查时应至少测量80min所绘出的线段的长度,并调整到合乎要求,亦可使用其他形式记录。

(5)煤杯。由45号钢制成,其规格如下:外径70mm;杯底内径59mm;从距杯底50mm处至杯口的内径60mm;从杯底到杯口的高度110mm。煤杯使用部分的杯壁应光滑,不应有条痕和缺凹,每使用50次后检查一次使用部分的直径。检查时,沿其高度每隔10mm测量一点,共测6点,测得结果的平均数与平均内径(59.5mm)相差不得超过0.5mm,杯底与杯体之间的间隙也不应超过0.5mm。

(6)探针。探针由钢针和铝制刻度尺组成。钢针直径为1mm,下段是钝头。刻度尺上刻度的最小单位为1mm。刻度线应平直清晰,线粗0.1~0.2mm。对于已装好煤样而尚未进行实验的煤杯,用探针测量其纸管底部位置时,指针应指在刻度尺的零点上。

(7)托盘天平。最大称量500g,感量0.5g。

(8)取样铲。长方形,长45mm,宽30mm。

(9)热电偶。镍铬-镍铝或镍铬-镍硅电偶,一般每年校准一次。在更换或重焊热电偶后应重新校准。

(10)附属设备。石棉圆垫切垫机、推焦器和煤杯清洁机械装置等。

2)材料

(1)纸管:在一根细钢棍上用卷烟纸粘制成直径为2.5~3mm、高度约为60mm的纸管。装煤杯时将钢棍插入纸管,纸管下端折约2mm,纸管上端与钢棍贴紧,防止煤样进入纸管。

(2)滤纸条:定性滤纸,条状,宽约60mm,长190~200mm。

(3)石棉圆垫:厚度为0.5~1.0mm,直径为59mm。在上部圆垫上有供热电偶铁管穿过的圆孔和纸管穿过的小孔;在下部圆垫上对应压力盘上的探测孔处作一标记。

(4)体积曲线记录纸:用标准计算纸(毫米坐标纸)作体积曲线记录纸,其高度与记录转筒的高度相同,其长度略大于转筒圆周。有证烟煤胶质层指数标准物质。

(5)干磨砂布:棕刚玉磨料,粒度 P80,NO.1—1/2。

4. 实验准备

(1)煤样应符合下列规定。①测定胶质层指数的煤样按 GB/T 474—2008 制备到粒度不小于3mm,再使用对辊式破碎机逐级破碎到全部通过1.5mm 圆孔筛,其中粒度小于0.2mm 部分不超过30%,缩分出不少于500g。②达到空气干燥状态的试样应储存在磨口玻璃瓶或其他密闭容器中,置于阴凉处,应在制样后不超过15d内完成测定。

(2)清理煤杯。煤杯、热电偶管及压力盘上遗留的焦屑等用干磨砂布人工清除干净。杯底及压力盘上各析气孔应畅通,热电偶管内不应有异物。

(3)装煤杯。①将杯底放入煤杯使其下部凸出部分进入煤杯底部圆孔中,杯底上放置热电偶铁管的凹槽中心点与压力盘上放热电偶的孔洞中心点对准。②将石棉垫铺在杯底上,石棉垫上圆孔应对准杯底上的凹槽,在杯内下部沿壁围一条滤纸条。将热电偶铁管插入煤杯底凹槽,把带有香烟纸管的钢棍放在下部石棉圆垫的探测孔标志处,用压板把热电偶铁管和钢棍固定,并使它们都保持垂直状态。③将全部试样倒在缩分板上,堆掺均匀、摊成厚约为10mm 的方块。用直尺将方块划分为若干30mm×30mm 左右的小块,用取样铲按棋盘式取样法隔块分别取出2份试样,每份试样质量为(100±0.5)g。④将每份试样用堆锥四分法分为4部分,分4次装入杯中。每装25g之后,用金属丝将煤样摊平,但不得捣鼓。⑤试样装完后,将压板暂时取下,把上部石棉垫小心地平铺在煤样上,并将露出的滤纸边缘折复于石棉垫上,放入压力盘,再用压板固定热电偶管。将煤杯放入上部砖垛的炉孔中,把压力盘与杠杆连接起来,挂上砝码,调节杠杆到水平。⑥如试样在实验中生成流动性很大的胶质体溢出压力盘,则应按①到⑤重新装样实验。重新装样的过程中,应在折复滤纸后,用压力盘压平,再用直径2~3mm 的石棉绳在滤纸和石棉垫上方沿杯壁和热电偶铁管外壁围一圈,再放上压力盘,使石棉绳把压力盘与煤杯、压力盘与热电偶铁管之间的缝隙严密地堵起来。⑦在整个装样过程中卷烟纸管应保持垂直状态,当压力盘与杠杆连接好后,在杠杆上挂好砝码,把细钢棍小心从由纸管中抽出(可轻轻旋转),务必使纸管留在原有位置。若纸管被拔出,须重新装样。并用探针测量纸管底部,将刻度尺放在压板上,指针应指在刻度尺的零点,若不在零点,须重新装样。

(4)连接热电偶。将热电偶置于热电偶套(铁)管中,检查前杯和后杯热电偶连接是否正确。

(5)调节记录转筒(需要时)。若使用转筒记录体积曲线,把标准计算纸装在记录转筒上,并使纸上的水平线始、末端彼此衔接,调节记录转筒或记录笔的高低,使其能同时记录前、后杯两个体积曲线。检查活轴轴心到记录笔尖的距离,并将其调整为600mm。

(6)计算装填高度:加热以前按下式求出煤样的装填高度:

$$h = H - (a+b) \tag{2-3}$$

式中：h 为煤样的装填高度(mm)；H 为由杯底上表面到杯口的距离，每次装煤前实测(mm)；a 为由压力盘上表面到杯口的距离，测量时，顺煤杯周围在 4 个不同位置共量 4 次，取平均值(mm)；b 为压力盘和两个石棉圆垫的总厚度，可用卡尺实测(mm)。

(7)核查装填高度。同一煤样重复测定时装填高度的允许差为 1mm，超过允许差时应重新装样。报告结果时应将煤样的装填高度的平均值附注于 X 值之后。

5. 实验步骤

(1)当上述准备工作就绪后，打开程序控温仪开关，通电加热，并控制两煤杯杯底升温速度如下：250℃ 以前为 8℃/min，并要求 30min 内升到 250℃；250℃ 以后为 3℃/min。在试验中应记录时间和温度，时间从 250℃ 起开始计算，以 min 为单位。每 10min 记录一次温度。在 350~600℃ 间，实际温度与应达到的温度的差不应超过 5℃，在其余时间内不应超过 10℃，否则，试验作废。

(2)若使用转筒记录体积曲线，温度到达 250℃ 时，调节记录笔尖使之接触到记录转筒上，固定其位置，并旋转记录转筒一周，画出一条"零点线"，再将笔尖对准起点，开始记录体积曲线。

(3)对一般煤样，测量胶质层层面在体积曲线下降后几分钟开始，到温度升至 650℃ 时停止。当试样的体积曲线呈"山"形或生成流动性很大的胶质体时，其胶质层层面的测定可适当地提前停止，一般可在胶质层最大厚度出现后再对上、下部层面各测 2~4 次即可停止，并立即用石棉绳或石棉绒把压力盘上的探测孔严密地堵起来，以免胶质体溢出。

注：一般可在体积曲线下降约 5mm 时开始测量胶质层上部层面；上部层面测值达 10mm 左右时，开始测量下部层面。

(4)测量胶质层上部层面时，将探针刻度尺放在压板上，使探针通过压板和压力盘上的专用小孔小心地插入纸管中，轻轻往下探测，直到探针下端接触到胶质层层面(手感有了阻力为上部层面)。读取探针刻度毫米数(为层面到杯底的距离)，将读数填入记录表中"胶质层上部层面"栏内，并同时记录测量层面的时间。

(5)测量胶质层下部层面时，用探针首先测出上部层面，然后轻轻穿透胶质体到半焦表面(手感阻力明显加大为下部层面)，将读数填入记录表中"胶质层下部层面"栏内，同时记录测量层面的时间。探针穿透胶质层和从胶质层中抽出时，均应小心缓慢。在抽出时还应轻轻转动，防止带出胶质体或使胶质层内存积的煤气突然逸出，以免破坏体积曲线形状和影响层面位置。

(6)根据转筒所记录的体积曲线的形状及胶质体的特性来确定测量胶质层上、下部层面的频率，具体是：①当体积曲线呈"之"字型或波型时，在体积曲线上升到最高点时测量上部层面，在体积曲线下降到最低点时测量上部层面和下部层面，但下部层面的测量不应太频繁，约每 8~10min 测量一次。如果曲线起伏非常频繁，可间隔一次或两次起伏，在体积曲线的最高点和最低点测量上部层面，并每隔 8~10min 在体积曲线的最低点测量一次下部层面。②当体积曲线呈山型、平滑下降型或微波型时,上部层面每 5min 测量一次,下部层面每 10min 测量一次。③当体积曲线分阶段符合上述典型情况时,上、下部层面测量应分阶段按其特点依上述规定进行。④当体积曲线呈平滑斜降型时(结焦性不好的煤,Y 值一般在 7mm 以下),胶质层上、下部层面往往不明显,总是一穿即达杯底。遇到此种情况时,可暂停 20～25min,使层面恢复,然后以每 15min 不多于一次的频数测量上部和下部层面,并力求准确地探测出下部层面的位置。⑤如果煤在试验时形成流动性很大的胶质体,下部层面的测定可稍晚开始,然后每隔 7～8min 测量一次,到 620℃也应堵孔。在测量这种煤的上、下部胶质层层面时,应特别注意,以免探针带出胶质体或胶质体溢出。

(7)当温度到达 730℃时,试验结束。调节记录笔使之离开转筒,关闭电源,卸下砝码,使仪器冷却。

(8)当胶质层测定结束后,必须等上部砖垛完全冷却,或更换上部砖垛方可进行下一次试验。

(9)在试验过程中,当大量煤气从杯底析出时,应不时地向电热元件吹风,使从杯底析出的煤气和炭黑烧掉,以免发生短路、烧坏硅碳棒、镍铬线或影响热电偶正常工作。

(10)如试验时煤的胶质体溢出到压力盘上,或在卷烟纸管中的胶质层层面骤然高起,则试验应作废。

6. 结果表述

(1)曲线的加工及胶质层指数测定结果的确定。①若使用自动胶质层指数测定仪,根据记录的探测时间和上、下层面高度自动生成体积曲线图;若使用转筒记录,取下记录转筒上的标准计算纸,在体积曲线上方水平方向处标出"温度",在下方水平方向处标出"时间"作为横坐标。在体积曲线下方、温度和时间坐标之间留出适当位置,在其左侧标出"层面距杯底的距离"作为纵坐标。根据记录表上所记录的各个上、下部层面位置和相应的"时间"的数据,按坐标在图纸上标出"上部层面"和"下部层面"的各点,分别以平滑的线加以连接,得出上、下部层面曲线。如按上法连成的层面曲线呈"之"字型,则应通过"之"字型部分各线段的中部连成平滑曲线作为最终的体积曲线(图 2-7)。②取胶质层上、下部层面曲线之间沿纵坐标方向的最大距离(读准到 0.5mm)作为胶质层最大厚度 Y(图 2-7)。③取 730℃时体积曲线与零点线间的距离(准确到 0.5mm)作为最终收缩度 X(图 2-8)。④在整理完毕的曲线图上,标明试样的编号,贴在记录表上一并保存。⑤体积曲线类型用下列名称表示(图 2-8):平滑下降型,见图 2-8a;平滑斜降型,见图 2-8b;波型,见图 2-8c;微波型,见图 2-8d;"之"字型,见图 2-8e;山型,见图 2-8f;"之"山混合型,见图 2-8g 和图 2-8h。⑥在报出 X 值时应按标准规定——核查装填高度并注明试样的装填高度。如果测得的胶质层厚度为零,在报出 Y 值时应注明焦块的熔合状况。必要时,应将体积曲线及上、下部层面曲线的复制图附在结果报告上。

(2)结果计算。计算两次胶质层指数重复测定结果的平均值,保留到小数点后一位,按《煤炭分析试验方法一般规定》(GB/T 483—2007)规定修约到 0.5 报出。

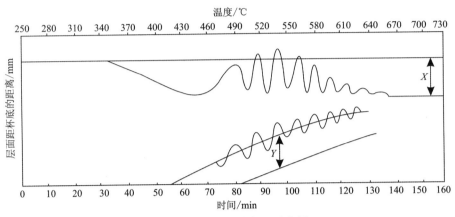

图 2-7 胶质层曲线加工示意图

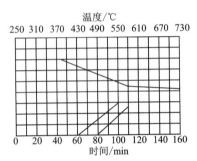

a

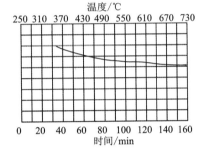

b

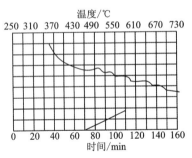

c

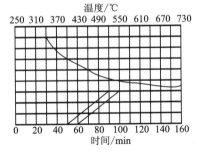

d

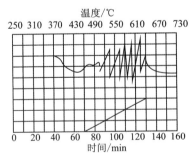

e

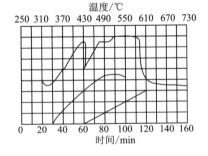

f

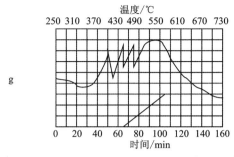 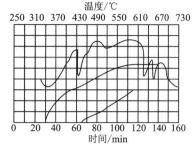

图 2-8 胶质层体积曲线类型图

7. 方法精密度

烟煤胶质层指数测定的精密度如表 2-2 所示。

表 2-2 烟煤胶质层指数测定的精密度

参数	重复性限/mm	再现性限/mm
Y 值	Y 值≤20：1	6
	Y 值>20：2	
X 值	3	8

注：确定方法再现性限协同试验所用煤样的 Y 值范围为 10～25mm，X 值参考范围为 19～41mm。

8. 注意事项

(1) 装煤前，煤杯、热电偶管内等相关部件要清除干净，杯底及压力盘上各析气孔应通畅。

(2) 装煤样时，热电偶、纸管都必须保持垂直并与杯底标志对准，而且要防止煤样进入纸管。

(3) 升温速度。在本方法中升温速度是第一位的重要事项，尤其 350～600℃时的升温速度。因为这是煤样热分解的阶段，若升温速度快，Y 值偏高，反之则偏低。

(4) 插入和拔出探针时，必须缓慢并稍加旋转，避免带出胶质体而破坏体积曲线。探针拔出后应立即擦净。

实验八 坩埚膨胀序数测定

坩埚膨胀序数也称自由膨胀序数，是在一定条件下煤样受热后自由膨胀的结果，在一定程度上反映了胶质体的数量和质量。本实验根据《烟煤坩埚膨胀序数的测定电加热法》(GB/T 5448—2014)制定。

1. 实验目的

(1)掌握烟煤坩埚膨胀序数的测定原理和方法要点。
(2)分析该指标在评价烟煤黏结性方面的优缺点。

2. 实验原理

将煤样置于专用坩埚中,按规定的程序加热到(820±5)℃,焦块侧形图形相比较,以最接近的焦型序号作为坩埚膨胀序数。

3. 仪器设备

(1)电加热炉(图2-9)。在一个直径为100mm、厚13mm的带槽耐火板上,绕一功率为1000W的镍铬丝线圈。耐火板放在一个规格相同的板上,板1上扣着一个壁厚1mm、高10mm、外径85mm的石英皿,用以放置坩埚。

图2-9 电加热炉实物图

上述加热部分置于一个直径140mm,上有一个深60mm、直径105mm的凹槽的耐火砖中,上方用一块20mm厚的耐火板覆盖。板的中心有一个直径50mm的孔,以便放入坩埚。整个耐火砖放在3~5mm厚的石棉板上,在砖四周与炉壳之间,充填保温材料。炉的顶部有一耐火盖,底部开一个孔。将测温热电偶从孔中插入至其热接点正好与石英皿内表面接触。电加热炉配有合适的测温和控温装置。

(2)坩埚和盖。由耐高温(大于1000℃)的瓷或石英制成。坩埚总高:(26±0.5)mm;顶部外径:(41±0.75)mm;底部内径:11~14mm;质量:11~12.75g;容积:16~17.5mL;坩埚盖(无孔)内径44mm、高5mm。

(3)带孔坩埚盖。由耐高温(大于1000℃)的瓷或石英制成,尺寸同无孔坩埚盖。

(4)热电偶。铠装镍铬电偶,2支。

(5)焦块观测筒。

(6)重物。(500±10)g 平底砝码。

(7)计时器。精确到秒(s)。

(8)天平。最小分度值 0.01g。

4. 实验准备

按《煤样的制备方法》(GB/T 474—2008)规定制备粒度在 0.2mm 以下的空气干燥煤样。制样中应防止煤样研磨过细。试样制备后尽快试验,否则应密封冷藏,并且试验周期不得超过 3d。称取煤样之前应充分混合煤样至少 1min。

将电加热炉通电,加热到约 850℃并维持恒温,打开炉盖,将一个冷的空坩埚放入炉膛内石英皿的中心部位(同时启动秒表计时),迅速盖上带孔的坩埚盖,随即将热电偶通过盖孔插入坩埚,并使其热接点压紧在坩埚底部的内表面上,在不盖电炉盖的条件下观察升温情况。如坩埚内底温度在冷坩埚放入后 1.5min 内达到(800±10)℃,2.5min 内到达(820±5)℃,则记下电炉温度及电流电压的调整方法,进行实验时按此法控制。如不能达到上述要求,则调整电压、电流和炉温,直到达到上述要求为止。

5. 实验步骤

(1)称取(1.00±0.01)g 空气干燥煤样,放入坩埚中并晃平,然后在厚度不小于 5mm 的胶皮板上,用手的五指向下抓住装有煤样的坩埚,提起约 15mm 的高度,松手使之自由落下。如是落下共 12 次(每落下一次将坩埚旋转一个角度)。

(2)打开炉盖,将装有煤样的坩埚放入已加热至预定温度的炉内石英皿的中心部位,立即用不带孔的坩埚盖盖住,同时启动秒表计时,至挥发物全部逸出,逸出时间不得少于 2.5min,然后将坩埚取出。注意此过程不盖电炉盖。

(3)每个煤样相继试验 3 次。3 次试验完毕后,小心地将坩埚中的焦渣倒出,待焦渣冷却至室温后测定焦型。如 3 次测定值的极差超过 $\frac{1}{2}$,应增加 2 次单次试验。如 5 次测定值的极差超过 1,应检查仪器设备,重新进行 5 次测定。注:在两次试验间隙,盖上电加热炉盖,以使炉温尽快回到预先设定的温度。

(4)试验结束后,将坩埚和坩埚盖上的残留物灼烧去除,擦净。

6. 结果表述

(1)煤样的坩埚膨胀序数。煤样的坩埚膨胀序数按下述方法确定和表述:①膨胀序数 0,焦渣不黏结或成粉状;②膨胀序数 $\frac{1}{2}$,焦渣黏结成焦块而不膨胀,将焦块放在一个平整的硬板上,小心地加上 500g 重荷即粉碎或碎块超过 2 块;③膨胀序数 1,焦渣黏结成焦块而不膨胀,加上 500g 重荷后,压不碎或碎成不超过 2 个坚硬的焦块;④膨胀序数 $1\frac{1}{2}$~9,焦渣黏结成焦块并且膨胀,将焦块放在焦饼观测筒下,旋转焦块,找出最大侧形,再与一组带有序号的标准焦块侧形(图 2-10)进行比较,取最接近标准侧形的序号为其膨胀序数;⑤膨胀序数大于 9,焦渣黏结成焦块并且膨胀,将焦块放在焦饼观测筒下,旋转焦块,最大侧形超出标准焦块侧形 9(图 2-10),记作">9"或"9⁺"。

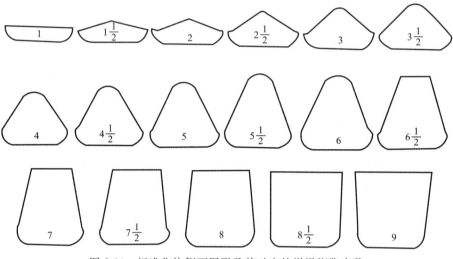

图 2-10 标准焦块侧面图形及其对应的坩埚膨胀序数

(2)结果报出。取同一煤样的 3 次极差不大于 $\frac{1}{2}$ 的测定结果的算术平均值,按《煤炭分析试验方法一般规定》(GB/T 483—2007)修约到 $\frac{1}{2}$ 个单位报出,小数点后的数字 2 舍 3 入;若进行 5 次测定,则取 5 次测定结果的算术平均值,修约到 $\frac{1}{2}$ 个单位报出。

7. 方法精密度

烟煤坩埚膨胀序数的重复性限和再现性临界差见表 2-3。

表 2-3 烟煤坩埚膨胀序数的重复性限和再现性临界差

坩埚膨胀序数/次	重复性限	再现性临界差
3	$\leqslant \frac{1}{2}$	$\leqslant 1\frac{1}{2}$
5	$\leqslant 1$	

8. 注意事项

(1)在连续实验间隙中应将电炉盖盖好,以免散失热量。
(2)坩埚及盖上的残留物,可以用灼烧的方法除去,并用软布擦净。

实验九 烟煤奥阿膨胀度测定

奥阿膨胀度是评价烟煤隔绝空气加热产生的胶质体性质的重要指标。本实验依据《烟煤奥阿膨胀计试验》(GB/T 5450—2014)制定。

1. 实验目的

(1)掌握烟煤奥阿膨胀度实验的原理、方法和实验步骤。
(2)分析奥阿膨胀度与胶质层指数的关系。

2. 实验原理

将试验煤样按规定方法制成一定规格的煤笔,放在一根标准口径的管子(膨胀管)内,其上放置一根能在管内自由滑动的钢杆(膨胀杆),将上述装置放在专用的电炉内,以规定的升温速度加热,记录膨胀杆的位移曲线。根据位移曲线得出最大收缩度 b、最大膨胀度 a。图 2-11 为一种典型的膨胀曲线。

3. 仪器设备和材料

(1)奥阿膨胀计。主要由膨胀管和膨胀杆、电炉、程序控温仪、记录装置组成。

①膨胀管和膨胀杆(图 2-12)。由冷拔无缝不锈钢管加工而成,其底部带有不漏气的丝堵。膨胀杆由不锈钢圆钢加工而成。膨胀杆和记录笔的总质量应调整到(150±5)g。

②电炉。由带有底座、顶盖的外壳与一金属炉芯构成。电炉的使用功率应不小于1.5kW,以满足试验使用温度 0～600℃ 的

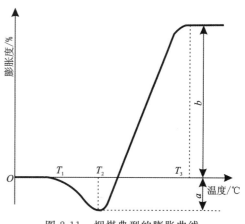

图 2-11 烟煤典型的膨胀曲线

要求。电炉的温度场应均匀,从膨胀管底部往上 180mm 长度范围内平均温度差应符合:0～120mm 长度范围温度变化在 ±3℃ 之内;120～180mm 长度范围温度变化在 ±5℃ 之内。

③程序控温仪。在 300～550℃ 范围内升温速率为 3℃/min,控温精度应满足 5min 内温升(15±1)℃ 要求。

④记录装置。能够及时记录炉温与时间、膨胀杆位置的关系。它可以为转筒记录或自动记录装置,记录转筒外圆线速度应为 1mm/min。

(2)煤笔制备设备。主要由成型模及其附件、量规、成型打击器、脱模压力器及其附件、切样器组成。

(3)天平:工业天平,分度值 0.1g。

(4)辅助工具主要包括膨胀管和成型模清洁工具。①膨胀管清洁工具:由直径约 6mm 头部呈斧形的金属杆、钢丝网刷和布拉刷组成。以便从膨胀管中挖出半焦。铜丝网刷由 80 目的铜丝网绕在直径 6mm 的金属杆上,用以擦去黏附在管壁上的焦末。布拉刷由适量的纱布系一根金属丝构成。各清洁工具长度应不小于 400mm。②成型模洁净工具:由试管刷和布拉刷组成。试管刷直径 20~25mm,布拉刷由适量的纱布系上一根长约 150mm 的金属丝构成。

(5)涂蜡棒:尺寸与成型模相配的金属棒。

(6)酒精灯。

4. 实验准备

(1)煤样制备及贮存。①试样制备。煤样按《煤样的制备方法》(GB/T 474—2008)规定制备到粒度小于 3mm 的试样,达到空气干燥状态后,再破碎至全部通过 0.2mm 筛子。粒度小于 0.2mm 的一般分析试验煤样其粒度组成的符合要求见表 2-4。②试样贮存。已制备好的一半分析试验煤样应装在带磨口瓶塞的玻璃瓶中,置于阴凉处。试验应在制备后 3d 内完成。若不能在 3d 内完成,试样应放在真空干燥器或氮气中贮存或将煤样瓶密封后冷藏,贮存时间不允许超过一周,否则试样作废。

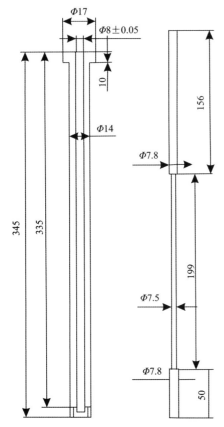

图 2-12 膨胀管和膨胀杆示意图(单位:mm)

表 2-4 样品粒度分布表

粒度/mm	组成/%
<0.20	组成=100
<0.10	70<组成≤85
<0.06	55<组成≤70

注:煤粒过细或过粗都会影响测定结果。

(2)仪器校正和检查。①炉孔温度校正。采用对比每一孔中膨胀计管内的温度与测温孔内温度的办法来进行校正。在试验所规定的升温速度下,使膨胀管孔内的热电偶热接点与管底上部 30mm 处的管壁接触,然后测量测温孔与膨胀管内的温度差。根据差值对试验时读取的温度进行校正。②电炉温度场检查。在电炉的测温孔及膨胀管内各置一热电偶,以 5℃/min 的升温速度加热,在 400~550℃ 范围内,每 5min 记录一次两热电偶的差值,改变膨胀管内热电偶的位置,在膨胀管底部往上 180mm 范围内,至少测定 0mm、60mm、120mm、180mm

四点。计算各点两电偶差值。③成型模检查。可用量规检查试验中所用成型模的磨损情况,同样也可用于检查新的成型模。如果将量规从被检查成型模的大口径一端插入,可以观察到:有两条线时,则成型模过小,应重新加工;有一条线时,则成型模适合使用;没有线时,则成型模已磨损,应予以更换。④膨胀管检查。将已做了100次测定后的膨胀管及膨胀杆,与一套新的膨胀管和膨胀杆所测得的4个煤样结果相比较。如果相对差值的平均值的绝对值大于3.5,则弃去旧管、旧杆。如果膨胀管、膨胀杆仍然适用,则以后每测定50次再重新检查。

5. 实验步骤

(1)煤笔制备。①用布拉刷擦净成型模,并用涂蜡棒在成型模内壁上涂一薄层蜡。称取一般分析试验煤样4g,放在小蒸发皿中,用0.4mL水润湿试样,迅速混匀,并防止气泡存在。然后将成型模小口径一端向下,放置在模子垫架上,并将漏斗套在大口径一端,用牛角勺将试样顺着漏斗的边拨下,直到装满成型模,将剩余的试样刮回小蒸发皿中。将打击导板水平压在漏斗上,用打击杆沿垂直方向压实试样。注:压实过程中防止试样外溅或打击杆卡住。②将整套成型模放在打击器下,先用长打击杆打击4次,然后加入试样再打击4下;依次使用长、中、短3种打击杆各打击2次。每次4下,共计24下。③移开打击导板和漏斗,取下成型模,将出模导器套在成型模小口径的一端,接样管套在成型模大口径一端,再将出模活塞插入出模导器,然后将这整套装置置于脱模压力器中,旋转手柄将煤笔推入接样管中,当推出有困难时,须将出模活塞取出擦净。当无法将煤笔推出时,须用铅丝或铜丝将成型模中挖出煤样,重新称取试样制备煤笔。④将装有煤笔的接样管放入切样器槽内,用打击杆将其中的煤笔轻轻推入切样器的煤笔槽中,在切样器中部插入固定片使煤笔细的一端与其靠紧,用刀片将伸出煤笔槽部分的煤笔(即长度大于60mm的部分)切去。煤笔长度要调整到(60±0.25)mm。⑤将制备好的煤笔细端向上从膨胀管的下端轻轻推入膨胀管中,再将膨胀杆慢慢插入膨胀管中。当试样的最大膨胀度超过300%时,改为半笔实验,即将60mm长的煤笔大小两头各切掉15mm,留下中间的30mm进行实验。

(2)膨胀度的测定。①根据试样挥发分V_{daf}大小将电炉预升至一定温度(表2-5)。②将装有煤笔的膨胀管放入电炉孔内,再将记录笔固定在膨胀杆的顶端,并使记录笔尖与转筒上的记录纸接触。调节电流使炉温在7min内恢复到入炉时温度。然后以3℃/min的速度升温。必须严格控制升温速度,满足每5min温升(15±1)℃的要求,每5min记录一次温度。连接好自动记录装置。③待试样开始固化(膨胀杆停止移动)后,继续加热5min,然后停止加热,并立即将膨胀管和膨胀杆从炉中取出,分别垂直放在架子上。

表2-5 电炉预升温温度

V_{daf}/%	预升温度/℃
$V_{daf}<20$	380
$20 \leqslant V_{daf} \leqslant 26$	350
$V_{daf}>26$	300

(3)膨胀管和膨胀杆清洁。①膨胀管。卸去膨胀管底的丝堵,用头部呈斧形的金属杆挖出管内的半焦,然后用铜丝网刷清管内残留的半焦粉,再用布拉刷擦净,直到内壁光滑明亮为止。当管子不易擦净时,可用粗苯或其他适当的溶液装满管子,浸泡数小时后再清擦。②膨胀杆。用细砂纸擦去黏附在膨胀杆上的焦油渣,并注意不要将其边缘的棱角磨圆,最后检查膨胀杆能否在管中自由滑动。

6. 结果表述

(1)记录曲线类型判断和结果计算。图 2-13～图 2-16 分别给出了烟煤膨胀计试验中的正膨胀、负膨胀、仅收缩、倾斜收缩 4 种记录曲线类型。根据试验记录的曲线,读出 3 个特征温度:软化温度 T_1,开始膨胀温度 T_2,固化温度 T_3,并计算最大收缩度 a,最大膨胀度 b。烟煤膨胀计试验记录曲线类型按下列方法确定和表述:①若收缩后膨胀杆回升的最大高度高于开始下降位置,则最大膨胀度以"正膨胀"表示(图 2-13);②若收缩后膨胀杆回升的最大高度低于开始下降位置,则最大膨胀度以"负膨胀"表示,膨胀度按膨胀的最终位置与开始下降位置间的差值计算,但应以负值表示(图 2-14);③若收缩后膨胀杆没有回升,则最大膨胀度以"仅收缩"表示(图 2-15);④若最终的收缩曲线不是完全水平的,而是缓慢向下倾斜,则最大膨胀度以"倾斜收缩"表示(图 2-16),并规定最大收缩度以 500℃ 处的收缩值报出。注:如果倾斜收缩中出现软化温度大于 500℃,则软化温度报出 500℃。

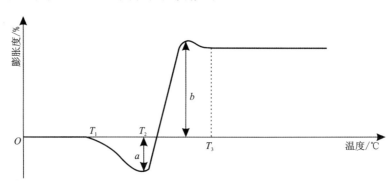

图 2-13 烟煤奥阿膨胀计试验正膨胀曲线

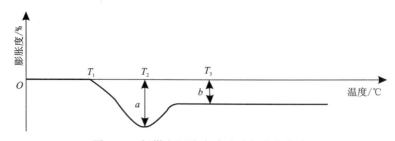

图 2-14 烟煤奥阿膨胀计试验负膨胀曲线

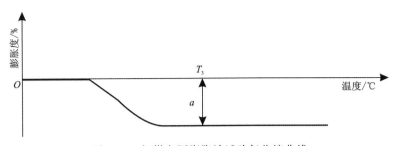

图 2-15　烟煤奥阿膨胀计试验仅收缩曲线

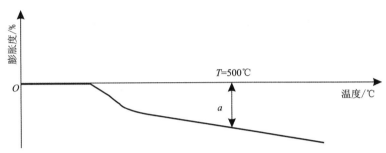

图 2-16　烟煤奥阿膨胀计试验倾斜收缩曲线

(2)结果表述。根据试验位移曲线判断曲线类型。被测样品的特征温度测定值修约到整数,最大收缩度 a 和最大膨胀度 b 的测定值修约到小数点后一位;最终结果以两次重复测定结果的算术平均值按《煤炭试验方法一般规定》(GB/T 483—2007)修约到整数报出。

7.方法精密度

烟煤奥阿膨胀度测定方法的重复性限和再现性临界差见表 2-6。

表 2-6　烟煤奥阿膨胀计试验方法精密度

参数	重复性限	再现性临界差
软化温度 T_1/℃	7	15
开始膨胀温度 T_2/℃	7	15
固化温度 T_3/℃	7	15
最大膨胀度 b/%	$5\times(1+\bar{b}/100)$	$5\times(2+\bar{b}/100)$

注:$\bar{b}$ 是两次重复测定结果的算术平均值。

8.注意事项

(1)在制作煤笔时必须按标准规定加入蒸馏水,不可以随意增减,两次重复测定时更要注意这一点,它对奥阿膨胀度各指标影响明显。

(2)严格控制升温速度,及时调节电流,防止误差的累积。

(3)膨胀管和膨胀杆要保持光滑,在清洁时要特别仔细,既要干净又不能使其弯曲,以免影响膨胀杆的滑动。

(4)实验结束后在膨胀管冷却之前要戴上手套将膨胀杆从膨胀管里取出来,分开放在垂直架子上。如果冷却后才来取,会比较困难,有可能使膨胀管作废。

实验十 煤的格金低温干馏实验

格金低温干馏实验不仅可以测定烟煤的黏结性,还能评价煤的低温热解焦油产率、热解水等性能。本实验根据《煤的格金低温干馏试验方法》(GB/T 1341—2007)制定,适用于褐煤和烟煤。

1. 实验目的

(1)了解煤格金低温干馏的基本原理、方法和步骤。
(2)掌握格金焦型判断标准。

2. 实验原理

将煤样装入干馏管中置于格金低温干馏炉内,以规定升温程序加热到最终温度600℃,并保温一定时间,测定所得焦油、热解水和半焦的产率,同时将半焦与一组标准焦型比较定出型号。对强膨胀性煤,则需在煤样中配入一定量的电极炭,其焦型以得到与标准焦型(G)一致的焦型所需的最少电极炭量(整数克数)来表示。

3. 实验仪器与试剂材料

(1)仪器设备。①格金干馏炉(图2-17)。双孔或多孔,恒温区不小于200mm,自动程序控温。②干馏管(图2-18)。耐热玻璃或石英玻璃制。③锥形瓶:容量为250mL,与水分测定管配套,带磨口。④水分测定管。量管刻度范围为0~5mL或0~10mL,分度值为0.05mL,磨口。⑤冷凝器:直管式,磨口,冷凝水套的长度不小于300mm。⑥天平:感量0.01g。⑦推杆:金属制。⑧电炉:单式,双联或多联,温度可调。⑨砂浴:具体尺寸依电炉而定。

(2)试剂和材料。①高温石墨化电极炭:水分小于0.5%,按《煤的工业分析方法》(GB/T 212—2008)测定;水分小于2%,按《煤的工业分析方法》(GB/T 212—2008)测定;挥发分小于1.5%,按《煤的工业分析方法》(GB/T 212—2008)测定;粒度小于0.2mm,其中小于0.1mm的质量分数应为60%~90%。②二甲苯或甲苯:化学纯。③丙酮:工业品。④石棉绒和石棉板:石棉绒需预先在800℃高温中灼烧1h,冷却后放入玻璃瓶中备用,石棉板厚2mm左右。

第二章 煤的工艺性质

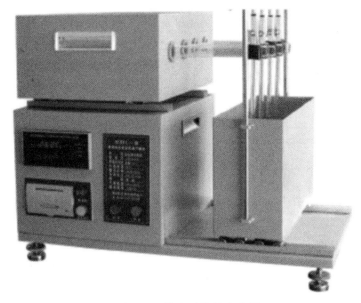

图 2-17 格金干馏炉实物图

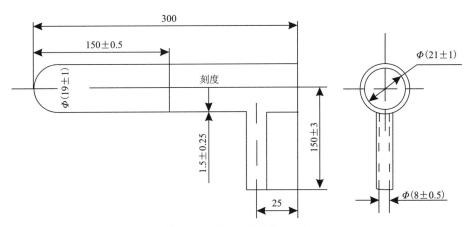

图 2-18 干馏管(单位:mm)

4. 实验准备

(1)将按《煤样的制备方法》(GB/T 474—2008)或《煤炭机械化采样 第 2 部分:煤样的制备》(GB/T 19494.2—2004)制备的粒度小于 0.2mm 的空气干燥煤样(即一般分析煤样),充分搅拌煤样至少 1min。从 4 个或 5 个不同部位称取 20g(称取到 0.01g)煤样放在表面皿中。

(2)焦型估计。对焦型大于 G_2(包括不易区分的 G_1 型和 G_2 型)的煤样(可根据表 2-7 预先估计),则分别称取质量为 m'(整数克数)电极炭和($20g-m'$)煤样,并在表面皿中充分搅拌、混合均匀。

表 2-7 焦型估计

坩埚膨胀序数 （按 GB/T 5448 测定）	焦渣特征 （按 GB/T 212 测定）	格金低温干馏焦型
$0 \sim \frac{1}{2}$	1～4	A～B
1～3	5～6	C～G
$3\frac{1}{2} \sim 5$	6～8	F～G_4
$5\frac{1}{2} \sim 7$	6～8	$G_2 \sim G_{10}$
$7\frac{1}{2} \sim 9$	6～8	大于 G_5

5. 实验步骤

(1)将格金干馏炉通电加热至 300℃，并保持此温度。将干馏管插入炉内，并使干馏管支管紧靠炉口。从 300℃开始，以 5℃/min 的升温速度将干馏炉继续加热至 600℃，并在此温度下保持 15min（在加热的全过程中，实测温度与应达温度之差，不得超过 10℃），停止加热。试验过程中，煤样分解产生的焦油、水蒸气和煤气经干馏管支管进入锥形瓶，焦油和水蒸气在锥形瓶中冷凝，煤气则由导气管排出（点燃烧掉或排出室外）。

(2)将水槽向下移动使锥形瓶露出水面，立即取下干馏管和锥形瓶，稍稍倾斜使干馏管及支管上的冷凝物尽量流入瓶内。取下锥形瓶，盖紧橡皮塞，用干毛巾擦干锥形瓶外壁上的水，放置约 5min 后称量（称准到 0.01g）。此质量减去空瓶质量为干馏冷凝物的质量（m_a）。

(3)干馏管（包括两个橡皮塞子及导气管）放置冷却到室温后称量（称准到 0.01g）。然后取下橡皮塞，用蘸有丙酮的棉花将干馏管支管内外的焦油擦洗掉，放置 3～5min，使丙酮挥发完，再装上橡皮塞，再次称量（称准到 0.01g）。此两次质量之差，为干馏管及支管内沾附焦油的质量（m_d）。去油后干馏管质量（包括石棉绒、石棉垫、半焦、橡皮塞的质量）与试验前干馏管质量（包括石棉绒、石棉垫、橡皮塞的质量）之差，即为半焦的总质量（m_c）。

(4)从干馏管中钩出石棉绒和石棉垫，然后小心倒出焦炭。将焦炭与一组标准焦型（表 2-8，图 2-19）比较定出型号。对强膨胀性煤，其焦型以最终得以 G 型焦所需配入的最少电极炭克数（整数）标在 G 右下角来表示，如 $G_1, G_2, \cdots, G_x$。电极炭的合适配比，往往需要多次试验才能确定。

表 2-8 标准焦型

焦型	体积变化	主要特征、强度及其他
A	试验前后体积大体相等	不黏结,粉状或粉中带有少量小块,接触就碎
B	试验前后体积大体相等	微黏结,多于3块或块中带有少量粉,一拿就碎
C	试验前后体积大体相等	黏结,整块或少于3块,很脆易碎
D	试验后体积较试验前明显减小(收缩)	黏结或微熔融,较硬,能用指甲刻画,少于5条明显裂纹,手摸染指,无光泽
E	试验后体积较试验前明显减小(收缩)	熔融,有黑的或稍带灰的光泽,硬,手摸不染指,多于5条明显裂纹,敲时带有金属声响
F	试验后体积较试验前明显减小(收缩)	横断面完全熔融,并呈灰色,坚硬,手摸不染指,少于5条明显裂纹,敲时带金属声响
G	试验前后体积大体相等	完全熔融,坚硬,敲时发出清脆的金属声响
G_1	试验后体积较试验前明显增大(膨胀)	微膨胀
G_2	试验后体积较试验前明显增大(膨胀)	中度膨胀
G_3	试验后体积较试验前明显增大(膨胀)	强膨胀

(5)干馏总水分测定。①于含冷凝物的锥形瓶中加入50mL二甲苯或甲苯,然后接上水分测定管并与冷凝器相连,冷凝器上端用棉花或用其他物品塞住。注:水分测定管的量管应预先标定。②将装配好的锥形瓶放在砂浴上,冷凝器通入冷却水,将砂浴通电加热并控制蒸馏速度,使从冷凝器末端滴下的液滴数约为(2~4)滴/s,蒸馏应在通风柜内进行。③当水分测定管中的水量在10min内不增加时,即可停止蒸馏,蒸馏时间一般约需(1~1.5)h。④待锥形瓶冷却后,关闭冷却水,取下锥形瓶和水分测定管。如有部分水珠附着在水分测定管管壁上,或有部分溶剂沉在水层的下部,可用细的金属(或玻璃)棒搅拌排除。等静置分层后,从水分测定管读取水的体积(mL)(读准到0.01mL)。

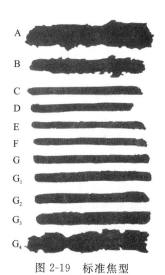

图 2-19 标准焦型

(6)全部试验结束后,干馏管、锥形瓶及水分测定管等,需用刷子蘸上去污粉(必要时用丙酮)擦洗干净,在干燥箱中烘干备用。

(7)各产物质量计算。①半焦总质量(m_c):去油后干馏管质量(包括石棉绒、石棉垫、半焦、橡皮塞的质量)减去试验前干馏管质量(包括石棉绒、石棉垫、半焦、橡皮塞的质量)。在配了电极炭的情况下,还应减去电极炭半焦质量。②焦油总质量:冷凝物质量(m_a)减去水的质量(m_b),再加干馏管和支管内沾附的焦油质量(m_d)。③煤气和干馏损失量:煤样质量(m)减去焦油总质量、干馏总水量和半焦质量之和。在配了电极炭情况下为:煤样质量(m)和电极炭质量(m')之和减去焦油总质量、干馏总水量(包括电极炭水分)和半焦质量(包括电极炭半焦)之和。④热解水质量：干馏总水量减去空气干燥煤样水分质量。相应煤样的空气干燥基水分应在 7d 内测定。

6. 结果表述

各干馏产物的空气干燥基产率，按下式计算：

焦油产率：$Tar_{ad} = (m_a - m_b + m_d)/m \times 100$

干馏总水分产率：$Water_{ad} = m_b/m \times 100$

配有电极炭时，干馏总水分产率：$Water_{ad} = (m_b - m' \times W_{ele}/100)/m \times 100$

热解水产率：$W_{p,ad} = Water_{ad} - M_{ad}$

半焦产率：$CR_{ad} = m_c/m \times 100$

配有电极炭时煤样半焦产率：$CR_{ad} = (m_c - m' \times CR'_{ad}/100)/m \times 100$

式中：m 为一般分析煤样的质量(g)；m' 为电极炭的质量(g)；m_a 为干馏冷凝物质量(g)；m_b 为干馏总水分质量(g)；m_c 为半焦总质量(g)；m_d 为干馏管及支管内沾附焦油的质量(g)；M_{ad} 为一般分析煤样水分含量(%)；Tar_{ad} 为一般分析煤样焦油产率(%)；$Water_{ad}$ 为一般分析煤样干馏总水分产率(%)；W_{ele} 为电极炭水分含量(%)；$W_{p,ad}$ 为一般分析煤样热解水产率(%)；CR_{ad} 为一般分析煤样半焦产率(%)；CR'_{ad} 为电极炭半焦产率(%)。

各项测定结果计算到小数点后第二位(即 0.01)，然后修约到小数点后一位(即 0.1)报出。

7. 精密度

煤的格金低温干馏实验的精密度应符合表 2-9 规定。

表 2-9 煤的格金低温干馏实验精密度

参数	重复性限
干馏总水分产率 $Water_{ad}$/%	1.0
半焦产率 CR_{ad}/%	1.5
焦油产率 Tar_{ad}/%	1.0
焦型	同一焦型

8. 注意事项

(1)用丙酮洗干馏管时，要防止管口朝上，以免丙酮流入，被石棉绒吸附，引起下一次称量时增重。遇这种情况时，可将石棉绒、石棉垫小心地勾到管口，用吹风机吹干。

(2)在强黏结性煤测试时，需配加电极炭，电极炭的量以整克数加入。

(3)300℃后要严格控制升温速度。升温速度是影响测定结果的主要因素。

实验十一　煤的塑性测定　恒力矩吉氏塑性仪法

煤在干馏过程形成胶质体而呈现塑性状态时所具有的性质称为塑性。本实验根据《煤的塑性测定　恒力矩吉氏塑性仪法》(GB/T 25213—2010)制定,适用于烟煤。

1. 实验目的

掌握煤的塑性测定原理、方法和主要影响因素。

2. 实验原理

在装有煤样的坩埚中插入一搅拌桨,坩埚浸入一浴槽,以均匀的速度升温,对搅拌桨施加一恒定旋转力矩,记录相应温度下的搅拌桨转动速度。

3. 仪器设备

(1)吉氏塑性仪甑。吉氏塑性仪甑由以下部件构成(图2-20)。①甑坩埚:圆柱形,内径(21.4±0.1)mm,深(35±0.3)mm,外部有螺纹,用于与坩埚盖接合。坩埚底部中央有一直径(2.38±0.02)mm、坡口角度70°的凹槽,用于定位搅拌桨。②甑坩埚盖:内外有螺纹,内螺纹用于与甑坩埚接合,外螺纹用于与甑筒接合,中央有一直径为(9.5±0.1)mm的搅拌桨插入孔。③导向环。安装在靠近搅拌桨顶部处,以将搅拌桨定位在甑筒中并留有0.05~0.10mm间隙。④排气管:在甑筒中部,用于排出试验中产生的挥发物质。⑤甑筒:筒长(121.0±2.5)mm,内径(9.5±0.1)mm,筒的顶部内径12.7mm,长度以仪器组装后导向环可装配于内、搅拌桨轴可穿过导向环为准。⑥金属搅拌桨:一直径(3.95±0.05)mm的直轴上配有4个桨臂,搅拌桨末端呈60°锥形。桨臂长(6.40±0.05)mm、直径(1.60±0.05)mm。4个桨臂沿搅拌桨轴周向呈90°间隔排列,臂与轴垂直,上下相邻臂中心轴向间距为

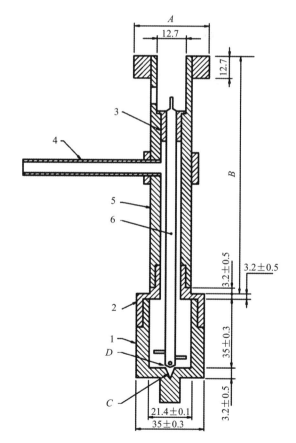

1.坩埚;2.坩埚盖;3.导向环;4.排气管;5.甑筒;6.搅拌桨;
A.直径与头连接器相应;B.足以进入浴槽75mm的长度;
C.70°倾角;D.下部桨臂与坩埚底部间隙1.6mm。

图2-20　甑组件示意图(单位:mm)

(3.20±0.05)mm。中间两臂成180°配置,其余两臂也成180°配置。搅拌桨放入坩埚中时,其最下面一个桨臂与坩埚底部间应有(1.60±0.05)mm的间隙。搅拌杆顶端应削细,以便插入塑性仪头轴下部槽口中。

(2)塑性仪头。图2-21为塑性仪头示意图。它由一固定速度(约300r/min至600r/min)的电机和与之直接相接的电磁离合器或磁滞制动器构成。后者可将力矩值调节至(101.6±5.1)g·cm(9.96×10^{-3}±0.5×10^{-3})N·m。制动器输出轴上有一带刻度的转鼓,将360°平分为100分度刻度。转鼓每转一周(或100分度)由计数器记录下来。另一种方式是在离合器或制动器输出轴上接一可在0.01~300r/min至600r/min范围内测量转速的电子装置,将转速直接转换为dd/min,并将其显示或记录在电子读数装置或打印机上。

(3)电炉。自动控温的电加热炉,平均加热速度为(3.0±0.1)℃/min。在300~550℃的温度区间内,任一给定时刻的加热速度不应超过(3.0±1.0)℃/min,任一给定5min的温升为(15±1)℃。炉内有铅锡各占50%的熔融焊料浴,焊料浴温度由一带保护套管(外径约6mm)的热电偶测定。保护套管插入焊料浴至触及坩埚外壁,其热接点与坩埚中煤样中心高度一致。焊料浴需用搅拌器搅拌。

(4)装样装置。装样装置可使煤在10kg总负荷下均匀地装在坩埚中,而且加压后带样坩埚可容易地从中取出而不使煤样扰乱。图2-22为一典型的装样装置,其静荷为9kg,动荷为1kg,压煤时,后者从115mm高度自由落下12次。注:9kg静荷为支撑架、装样头、落锤杆和静压块的总质量。

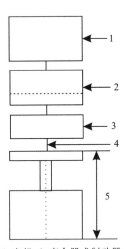

1.电机;2.离合器或制动器;
3.刻度转鼓或传感器;4.轴;5.甄组件。

图2-21 塑性仪头示意图

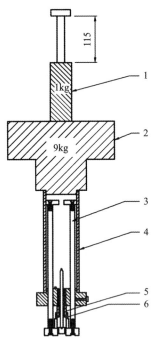

1.动荷(1kg);2.静荷(9kg);3.滑杆;4.支撑架;
5.与坩埚壁相配合(间隙0.5mm)的装样头;
6.装有煤样和搅拌桨的坩埚。

图2-22 典型装样装置示意图

(5)天平。感量0.01g。

4. 实验准备

(1)试样制备。制备出4kg粒度小于6mm的试验室煤样。将煤样在盘中摊开成薄层,置于不超过40℃温度下干燥,使之与试验室大气达到平衡。达到平衡后,不再继续进行干燥,以确保煤样的塑性不因氧化而改变。干燥后,将煤样缩分出500g。将500g煤样分成4份,取其一份用逐级破碎方法破碎到通过0.425mm筛子。破碎时要最大限度地减少煤粉产率。所得试样中粒度小于0.2mm细粉应少于最后试样的50%。

充分混合煤样,最好用机械法混匀,用多点取样法从不同部位取出5g试样,在样品制备后8h内完成重复测定。尽量避免拖延,以免煤样变质或氧化对塑性产生显著影响。煤样应冷藏或保存在惰性气体中,以降低煤样的氧化程度。

(2)标定。塑性仪转矩用图2-23所示的绳和滑轮组合装置来校验。一个滑轮拧在吉氏塑性仪头的轴上,依附在此滑轮的绳子搭在另一个垂直放置的滑轮上,绳端挂一质量符合要求的重荷。滑轮半径为25.4mm,重荷质量为40g。当塑性仪电机启动时,制动器或离合器悬置,力矩表或传感器的读数为(101.6±5.1)g·cm。所有的仪器定期都应用这种方法在恒定的转矩设置下进行校验。

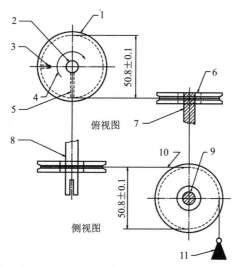

1.主动滑轮;2.与带槽轴相配合的中心孔;3.滑轮线连接点;4.转动方向;5.定位螺丝;6.传动滑轮(铝);
7.传动滑轮支撑杆;8.带槽轴;9.密封低摩擦轴承;10.3kg测试单丝滑轮线;11.重荷。

图2-23 标定力矩的滑轮装置示意图(单位:mm)

开动电机,如果旋转轴转动一满转能提起(38.0±0.1)g,但提不起(42.0±0.1)g重荷,则转矩符合要求。转矩也可用恰当的力矩表或传感器来检查。此时,建议至少要从两个或两个互成90°的位置上来校验施加在轴上的力矩,以检查驱动轴是否准直或轴承转动是否正确。如果力矩值不同,则说明仪器有问题,需要修理,否则得不到可靠的流动度测定值。

注:滑轮/重荷组合装置校准法是唯一能可靠地测定旋转一周(360°)的力矩的方法。

5. 实验步骤

(1)将电磁离合器或磁滞制动器调节到(101.6±5.1)g·cm。

(2)将图 2-22 所示的装样装置的 9kg 静荷取下,提起动荷,将已插入搅拌桨的坩埚置入装样装置。在坩埚中加入 5.0g 煤样,装样时用手指小心地转动搅拌桨,使煤样填入桨臂下孔隙中。放下静荷与动荷,并确保全部重荷都传递到煤样上。使 1kg 的动荷从 115mm 高处自由落下 12 次,将煤样压实。

注:对于难压实的煤样,可在压实前在靠近煤样表面的搅拌桨轴上加 1～3 滴甲苯或润滑油,非常干的煤样可在装样前加几滴水并充分混合。

(3)从装样装置中取出坩埚,拧上坩埚盖,此时要特别小心不要改变搅拌桨在煤样中的状态。将坩埚和搅拌桨旋入甑中,并使搅拌桨位于导向环中央位置。将甑旋入吉氏塑性仪头,并确保搅拌桨顶部进入轴末端的槽口中。为防止卡住,应确保搅拌桨顶部和槽顶部之间有 1mm 间隙。

(4)将装好的煤甑降下至坩埚底部进入温度为 300℃的熔融焊料浴中 75mm 深度处,将热电偶插入浴槽中。控制加热速度,使甑体进入后(10±2)min 内浴槽回到初始温度,此后整个过程中控制加热速度为(3.0±0.1)℃/min。当转鼓转速或电子传感器读数达到 1.00dd/min 时,以 1min 间隔读取温度和转动速度,直到转鼓不再转动。

注:经验表明,要想获得能真实表征煤相对塑性的流动度值,需对力矩进行正确调节。有些煤尤其是坩埚膨胀序数高的煤在甑管内膨胀,使搅拌桨"挤住"或速度变慢使流动度结果偏低,这对流动度测值高于 5000dd/min 的煤来说会比较明显。

6. 结果计算和表述

(1)将计数器和转动读数,换算成相应的转鼓转速(每分钟刻度盘度)。烟煤流动范围宽,为此可以每分钟刻度盘度的对数值为纵坐标,温度的算术值为横坐标作图表示。

(2)每一煤样做两次重复测定,以平均值报出。

(3)报告包括以下内容。①特征温度即初始软化温度、最大流动温度、最后流动温度、固化温度和塑性范围,修约到 1℃报出;②最大流动度(dd/min)按以下规定修约后报出:0～50 修约到 1;50～100 修约到 10;100～1000 修约到 50;1000～10 000 修约到 100;10 000 以上修约到 1000。③最大流动度也可用以 10 为底的对数值表示,修约到小数后 2 位报出。

7. 方法精密度

对同一试样所做的 2 次重复测定结果,相差不得超过表 2-10 规定。

如果第一对重复测定的差值大于表 2-10 规定的重复性限值,则进行第二对重复测定。如果第二对重复测定的差值满足表 2-10 的规定,则取第二对重复测定的平均值,否则取 4 次测定的平均值作为报告值。

表 2-10　恒力矩基氏塑性仪法测定煤的塑性精密度

特性指标		重复性限
最大流动度/(dd·min^{-1})	<10	—
	10～100	30%（相对）
	100～1000	25%（相对）
	>1000	20%（相对）
特征温度/℃	初始软化温度	8
	最大流动度温度	8
	固化温度	8

8. 注意事项

(1)实验炉最高使用温度不得超过 600℃。

(2)实验过程中产生 CO 和少量焦油，因此实验炉上方应安装排气装置，将实验过程产生的有害物质排出室外。

(3)实验结束后，吉氏仪头自动提升，请不要用手触摸，也不要用手触摸炉头表面，以防烫伤。

第二节　煤的发热量

发热量是评价煤炭质量的一项重要指标，又是动力煤的主要质量指标。煤的燃烧和气化须用发热量计算其热平衡、热效率和耗煤量等，发热量也是燃烧设备和气化设备的设计依据之一。通过发热量可以粗略推测煤的许多性质，如变质程度、黏结性等。煤炭发热量（恒湿无灰基高位发热量）是年轻煤的分类指标。

实验十二　煤的发热量的测定

本实验根据《煤的发热量测定方法》(GB/T 213—2008)制定，适用于泥炭、褐煤、烟煤、无烟煤、焦炭、碳质页岩及水煤浆。

1. 实验目的

(1)了解煤的发热量测定的意义。

(2)学习运用恒温式热量计测定发热量的方法、步骤及原理。

2. 实验方法原理

(1)高位发热量。煤的发热量在氧弹热量计中进行测定。一定量的分析试样在氧弹热量计中、在充有过量氧气的氧弹内燃烧。热量计的热容量通过在相近条件下燃烧一定量的基准量热物苯甲酸来确定,根据试样燃烧前后量热系统产生的温升,并对点火热等附加热进行校正后即可求得试样的弹筒发热量。

(2)低位发热量。煤的恒容低位发热量和恒压低位发热量可以通过分析试样的高位发热量计算。计算恒容低位发热量需要知道煤样中水分和氢的含量。原则上计算恒容低位发热量还需知道煤样中氧和氮的含量。

3. 仪器设备和试剂材料

1)仪器设备

(1)热量计(图2-24)。

由燃烧氧弹、内筒、外筒、搅拌器、水、温度传感器、试样点火装置、温度测量和控制系统构成。

图2-24 热量计

①氧弹。由耐热、耐腐蚀的镍铬或镍铬钼合金钢制成,需要具备3个主要性能:不受燃烧过程中出现的高温和腐蚀性产物的影响而产生热效应;能承受充氧压力和燃烧过程中产生的瞬时高压;试验过程中能保持完全气密。弹筒容积为250~350mL,弹头上应装有供充氧和排气的阀门以及点火电源的接线电极。

②内筒。用紫铜、黄铜或不锈钢制成,断面可为椭圆形、菱形或其他适当形状。筒内装水通常为2000~3000mL,以能浸没氧弹(进、出气阀和电极除外)为准。内筒外面应高度抛光,以减少与外筒间的辐射作用。

③外筒。为金属制成的双壁容器,并有上盖。外壁为圆形,内壁形状则依内筒的形状而定;外筒应完全包围内筒,内、外筒间应有10~12mm的间距,外筒底部有绝缘支架,以便放置

内筒。

④搅拌器。有螺旋桨式或其他形式,转速以 400~600r/min 为宜,并应保持恒定。搅拌器轴杆应有较低的热传导或与外界采用有效的隔热措施,以尽量减少量热系统与外界的热交换。搅拌器的搅拌效率应能使热容量标定中由点火到终点的时间不超过 10min,同时又要避免产生过多的搅拌热(当内、外筒温度和室温一致时,连续搅拌 10min 所产生的热量不应超过 120J)。

⑤量热温度计。用于内筒温度测量的量热温度计至少应有 0.001K 的分辨率,以便能以 0.002K 或更好的分辨率测定 0.2~3K 的温升;它代表的绝对温度应能达到近 0.1K。量热温度计在它测量的每个温度变化范围内应是线性的或线性化的。

(2)附属设备。

①燃烧皿。铂制品最理想,一般可用镍铬钢制品。规格为高 17~18mm、底部直径 19~20mm、上部直径 25~26mm,厚 0.5mm。其他合金钢或石英制的燃烧皿也可使用,但以能保证试样燃烧完全而本身又不受腐蚀和产生热效应为原则。

②压力表和氧气导管。压力表由两个表头组成:一个指示氧气瓶中的压力,一个指示充氧时氧弹内的压力。表头上应装有减压阀和保险阀。压力表每两年应经计量部门检定一次,以保证指示正确和操作安全。

③点火装置。点火采用 12~24V 的电源,可由 220V 交流电源经变压器供给。线路中应串接一个调节电压的变阻器和一个指示点火情况的指示灯或电流计。点火电压应预先试验确定。方法:接好点火丝,在空气中通电试验。在熔断式点火的情况下,调节电压使点火丝在 1~2s 内达到亮红;在非熔断式点火的情况下,调节电压使点火线在 4~5s 内达到暗红。在非熔断式点火的情况下若采用棉线点火,则应在遮火罩以上的两电极柱间连接一段直径约为 0.3mm 的镍铬丝,丝的中部预先绕成螺旋数圈,以便发热集中。通电,准确测出电压、电流和通电时间,以便计算电能产生的热量。

④压饼机。螺旋式、杠杆式或其他形式压饼机。能压制直径 10mm 的煤饼或苯甲酸饼。模具及压杆应用硬质钢制成,表面光洁,易于擦拭。

⑤秒表或其他指示 10s 的计时器。

(3)天平。

①分析天平:感量 0.1mg。②工业天平:载量 4~5kg,感量 0.5g。

2)试剂和材料

(1)氧气:至少 99.5% 纯度,不含可燃成分,不允许使用电解氧;压力足以使氧弹充氧至 3.0MPa。

(2)氢氧化钠标准溶液:$c(NaOH)\approx 0.1mol/L$。称取优级纯氢氧化钠 4g 溶解于 1000mL 经煮沸冷却后的水中,混合均匀,装入塑料瓶或塑料筒内,拧紧盖子。然后用优级纯苯二甲酸氢钾进行标定。

(3)甲基红指示剂:2g/L。称取 0.2g 甲基红,溶解在 100mL 水中。

(4)苯甲酸:基准量热物质,二等或二等以上,其标准热值经权威计量机构确定或可以明确溯源到权威计量机构。

(5)点火丝:直径 0.1mm 左右的铂、铜、镍丝或其他已知热值的金属丝或棉线,如使用棉线,则应选用粗细均匀、不涂蜡的白棉线。各种点火丝点火时放出的热量:铁丝 6700J/g;镍铬丝 6000J/g;铜丝 2500J/g;棉线 17 500J/g。

(6)点火导线:直径 0.3mm 左右的镍铬丝。

(7)酸洗石棉绒:使用前在 800℃下灼烧 30min。

(8)擦镜纸:使用前先测出燃烧热:抽取 3～4 张纸,团紧,称准质量,放入燃烧皿中,然后按常规方法测定发热量。取 3 次结果的平均值作为擦镜纸热值。

4. 实验步骤(恒温式热量计法)

(1)按使用说明书安装调节热量计。

(2)在燃烧皿中称取粒度小于 0.2mm 的空气干燥煤样或水煤浆干燥试样 0.9～1.1g,称准到 0.000 2g。

燃烧时易于飞溅的试样,可用已知质量的擦镜纸包紧后再进行测试,或先在压饼机中压饼并切成粒度为 2～4mm 的小块使用。不易燃烧完全的试样,可用石棉线做衬垫(先在皿底铺上一层石棉绒,然后以手压实)。石英燃烧皿不需任何衬垫。如加衬垫仍燃烧不完全,可提高充氧压力至 3.2MPa,或用已知质量和热值的擦镜纸包裹称好的试样并用手压紧,然后放入燃烧皿中。

需快速测定水煤浆的发热量时,也可称取水煤浆试样。称样前搅拌水煤浆试样,使其无软硬沉淀成均一状态。将已知质量的擦镜纸双层折叠垫于燃烧皿中,快速称取水煤浆试样 1.5～1.8g,称准至 0.000 4g,迅速将试样包裹好后,将燃烧皿放在坩埚架上。立即进行试验。

(3)在熔断式点火的情况下,取一段已知质量的点火丝,把两端分别接在氧弹的两个电极柱上,弯曲点火丝接近试样,注意与试样保持良好接触或保持微小的距离(对易飞溅和易燃的煤);并注意勿使点火丝接触燃烧皿,以免形成短路而导致点火失败,甚至烧毁燃烧皿。同时还应注意防止两电极间以及燃烧皿与另一电极之间的短路。

在非熔断式点火的情况下,当用棉线点火时,把已知质量的棉线的一端固定在已连接到两电极柱上的点火导线上(最好夹紧在点火导线的螺旋中),另一端搭接在试样上,根据试样点火的难易,调节搭接的程度。对于易飞溅的煤样,应保持微小的距离。

往氧弹中加入 10mL 蒸馏水。小心拧紧氧弹盖,注意避免燃烧皿和点火丝的位置因受震动而改变,往氧弹中缓缓充入氧气,直至压力到 2.8～3.0MPa,达到压力后的持续充氧时间不得少于 15s;如果不小心充氧压力超过 3.2MPa,停止试验,放掉氧气后,重新充氧至 3.2MPa 以下。当钢瓶中氧气压力降到 5.0MPa 以下时,充氧时间应酌量延长,压力降到 4.0MPa 以下时,应更换新的钢瓶氧气。

(4)往内筒中加入足够的蒸馏水,使氧弹盖的顶面(不包括突出的进、出气阀和电极)淹没在水面下 10～20mm。内筒水量应在所有试验中保持相同,相差不超过 0.5g。

水量最好用称量法测定。若用容量法,则需对温度变化进行补正。注意恰当调节内筒水温,使在终点时内筒比外筒温度高 1K 左右,以使终点时内筒温度出现明显下降。外筒温度应尽量接近室温,相差不得超过1.5K。

(5)把氧弹放入装好水的内筒中,如氧弹中无气泡漏出,则表明气密性良好,即可把内筒放在热量计中的绝缘架上;如有气泡出现,则表明漏气,应找出原因,加以纠正,重新充氧。然后接上点火电极插头,装上搅拌器和量热温度计,并盖上热量计的盖子。温度计的水银球(或温度传感器)对准氧弹主体(进、出气阀和电极除外)的中部,温度计和搅拌器均不得接触氧弹和内筒。

靠近量热温度计的露出水银柱的部位(使用玻璃水银温度计时),应另悬一支普通温度计,用以测定露出柱的温度。

(6)开动搅拌器,5min后开始计时,读取内筒温度(t_0)后立即通电点火。随后记下外筒温度(t_1)和露出柱温度(t_e)。外筒温度至少读到0.05K,内筒温度借助放大镜读到0.001K。读取温度时,视线、放大镜中线和水银柱顶端应位于同一水平上,以避免视差对读数的影响。每次读数前,应开动振荡器振动3~5s。

(7)观察内筒温度(注意:点火后20s内不要把身体的任何部位伸到热量计上方)。如在30s内温度急剧上升,则表明点火成功。当用式(2-7)计算冷却校正值时,点火后1′40″时读取一次内筒温度($t_{1'40''}$),接近终点时,开始按1min间隔读取内筒温度;当用式(2-8)计算冷却校正值时,点火后按1min间隔读取内筒温度直至终点。点火后最初几分钟内,温度急剧上升,读温精确到0.01K即可,但只要有可能,读温应精确到0.001K。

(8)以第一个下降温度作为终点温度(t_n),试验主期阶段至此结束。一般热量计由点火到终点的时间为8~10min。对一台具体热量计,可根据经验恰当掌握。

若终点时不能观察到温度下降(内筒温度低于或略高于外筒温度时),可以随后以连续5min内温度读数增量(以1min间隔)的平均变化不超过0.001K/min时的温度为终点温度t_n。

(9)停止搅拌,取出内筒和氧弹,开启放气阀,放出燃烧废气,打开氧弹,仔细观察弹筒和燃烧皿内部,如果有试样燃烧不完全的迹象或有炭黑存在,试验应作废。量出未烧完的点火丝长度,以便计算实际消耗量。需要时,用蒸馏水充分冲洗氧弹内各部分、放气阀,燃烧皿内外和燃烧残渣;把全部洗液(共约100mL)收集在一个烧杯中供测硫使用。

5. 结果计算

(1)温度校正。

①温度计校正。使用玻璃温度计时,应根据检定证书对点火温度和终点温度进行校正。

a. 温度计刻度校正。根据检定证书中所给的孔径修正值校正点火温度t_0和终点温度t_n,再由校正后的温度(t_0+h_0)和(t_n+h_n)求出温升,其中h_0和h_n分别代表t_0和t_n的孔径修正值。

b. 若使用贝克曼温度计,需进行平均分度值的校正。试验过程中,当试验时的露出柱温度t_e与标准露出柱温度相差3℃以上时,按式(2-4)计算平均分度值H:

$$H = H^0 + 0.00016(t_s - t_e) \tag{2-4}$$

调定基点温度后,应根据检定证书中所给的平均分度值计算该基点温度下的对应于标准露出柱温度(根据检定证书所给的露出柱温度计算而得)的平均分度值 H^0。

式中:H^0 为该基点温度下对应的标准露出柱温度时的年均分度值;t_s 为该基点温度所对应的标准露出柱温度(℃);t_e 为试验中的实际露出柱温度(℃);0.000 16 为水银对玻璃的相对膨胀系数。

②冷却校正(热交换校正)。绝热式热量计的热量损失可以忽略不计,因而无需冷却校正。恒温式热量计在试验过程中内筒与外筒间始终发生热交换,对此散失的热量应予以校正,办法是在温升中加上一个校正值 C,这个校正值称为冷却校正值,计算方法如下:

首先根据点火时和终点时的内外筒温差 (t_0-t_j) 和 (t_n-t_j) 从 $v\sim(t-t_j)$ 关系曲线中查出相应的 v_0 和 v_n,或根据预先标定出的式(2-5)、式(2-6)计算出 v_0 和 v_n:

$$v_0=k(t_0-t_j)+A \tag{2-5}$$

$$v_n=k(t_n-t_j)+A \tag{2-6}$$

式中:v_0 为对应于点火时内外筒温差的内筒降温速度(K/min);v_n 为对应于终点时内外筒温差的内筒降温速度(K/min);k 为热量计的冷却常数(min^{-1});A 为热量计的综合常数(K/min);(t_0-t_j) 为点火时的内、外筒温差(K);(t_n-t_j) 为终点时的内、外筒温差(K)。

注:当内筒使用贝克曼温度计,外筒使用普通温度计,应从实测的外筒温度中减掉贝克曼温度计的基点温度后再当作外筒温度 t_j,用来计算内、外筒温差 (t_0-t_j) 和 (t_n-t_j)。如内、外筒都使用贝克曼温度计,则应对实测的外筒温度校正内、外筒温度计基点温度之差,以便求得内、外筒的真正温差。

然后按式(2-7)计算冷却校正值:

$$C=(n-\alpha)v_n+\alpha v_0 \tag{2-7}$$

式中:C 为冷却校正值(K);n 为由点火到终点的时间(min);α 为当 $\Delta/\Delta_{1'40''}\leqslant 1.20$ 时,$\alpha=\Delta/\Delta_{1'40''}-0.10$;当 $\Delta/\Delta_{1'40''}>1.20$ 时,$\alpha=\Delta/\Delta_{1'40''}$;其中 Δ 为主期内总温升($\Delta=t_n-t_0$),$\Delta_{1'40''}$ 为点火后 $1'40''$ 时的温升($\Delta_{1'40''}=t_{1'40''}-t_0$)。

在自动氧弹热量计中,或在特殊需要的情况下,可使用瑞-方(Regnault-Pfandler)公式,见式(2-8):

$$C=nv_0+\frac{v_n-v_0}{t_n-t_0}\left(\frac{t_0+t_n}{2}+\sum_{i=1}^{n-1}t_i-nt_0\right) \tag{2-8}$$

式中:t_i 为主期内第 i 分钟时的内筒温度;其余符号意义同前。

(2)点火热校正。在熔断式点火法中,应由点火丝的实际消耗量(原用量减掉残余量)和点火丝的燃烧热计算试验中点火丝放出的热量。

在非熔断式点火法中,用棉线点燃样品时,首先算出所用一根棉线的燃烧热(剪下一定数量适当长度的棉线,称出它们的质量,然后算出一根棉线的质量,再乘以棉线的单位热值),最后按下式确定每次消耗的电能热:电能产生的热量(J)=电压(V)×电流(A)×时间(s)。二者放出的总热量即为点火热。

(3)弹筒发热量和高位发热量的计算。

①按式(2-9)或式(2-10)计算空气干燥煤样或水煤浆试样的弹筒发热量 $Q_{b,ad}$。使用恒温

式热量计时：

$$Q_{b,ad} = \frac{EH[(t_n+h_n)-(t_0+h_0)+C]-(q_1+q_2)}{m} \quad (2-9)$$

式中：$Q_{b,ad}$ 为空气干燥煤样（或水煤浆干燥试样）的弹筒发热量(J/g)；E 为热量计的热容量(J/K)；q_1 为点火热(J)；q_2 为添加物如包纸等产生的总热量(J)；m 为试样质量(g)；H 为贝克曼温度计的平均分度值，使用数字显示温度计时，$H=1$；h_0 为 t_0 的毛细孔径修正值，使用数字显示温度计时，$h_0=0$；h_n 为 t_n 的毛细孔径修正值，使用数字显示温度计时，$h_n=0$。

使用绝热式热量计时：

$$Q_{b,ad} = \frac{EH[(t_n+h_n)-(t_0+h_0)]-(q_1+q_2)}{m} \quad (2-10)$$

如果称取的是水煤浆试样，计算的弹筒发热量为水煤浆试样的弹筒发热量 $Q_{b,CWM}$。

②按式(2-11)计算空气干燥煤样或水煤浆试样的恒容高位发热量 $Q_{gr,ad}$：

$$Q_{gr,ad} = Q_{b,ad} - (94.1 S_{b,ad} + \alpha Q_{b,ad}) \quad (2-11)$$

式中：$Q_{b,ad}$ 为空气干燥煤样的弹筒发热量(J/g)；$S_{b,ad}$ 为弹筒洗液测得的含硫量，以质量分数表示(%)；当全硫低于 4.00% 时，或发热量大于 14.60MJ/kg 时，可用全硫（按 GB/T 214—2007 测定）代替 $S_{b,ad}$；94.1 为空气干燥煤样（或水煤浆干燥试样）中每 1.00% 硫的校正值(J/g)；α 为硝酸形成热校正系数。

实验证明，α 与 $Q_{b,ad}$ 有关，取值如下：当 $Q_b \leq 16.70$MJ/kg 时，$\alpha = 0.0010$；当 $16.70 < Q_{b,ad} \leq 25.10$MJ/kg 时，$\alpha = 0.0012$；当 $Q_{b,ad} > 25.10$MJ/kg 时，$\alpha = 0.0016$。

加助燃剂后，应按总释热量考虑。

如果称取的是水煤浆试样，计算的高位发热量为水煤浆试样的高位发热量 $Q_{gr,CWM}$[分别用 $Q_{b,CWM}$ 和 $S_{b,CWM}$ 代替式(2-11)中的 $Q_{b,ad}$ 和 $S_{b,ad}$]。

在需要测定弹筒洗液中硫 $S_{b,ad}$ 的情况下，把洗液煮沸 2～3min，取下稍冷后，以甲基红（或相应的混合指示剂）为指示剂，用氢氧化钠标准溶液滴定，以求出洗液中的总酸量，然后按式 (2-12)计算出弹筒洗液硫 $S_{b,ad}$(%)：

$$S_{b,ad} = (c \times V/m - \alpha Q_{b,ad}/60) \times 1.6 \quad (2-12)$$

式中：c 为氢氧化钠标准溶液的物质的量浓度(mol/L)；V 为滴定用去的氢氧化钠溶液体积(mL)；60 为相当 1mmol 硝酸的形成热(J/mmol)；m 为试样质量(g)；1.6 为每毫摩尔硫酸 ($1/2H_2SO_4$)转换成硫的质量分数的转换因子。

注：这里规定的对硫的校正方法中，略去了对煤样中硫酸盐硫的考虑。这对绝大多数煤来说影响不大，因煤的硫酸盐硫含量一般很低。但有些特殊煤样，含量可达 0.5% 以上。根据实际经验，煤样燃烧后，由于灰的飞溅，一部分硫酸盐硫也随之落入弹筒，因此无法利用弹筒洗液来分别测定硫酸盐硫和其他硫。遇此情况，为求高位发热量的准确性，只有另行测定煤中的硫酸盐硫或可燃硫，然后做相应的校正。关于发热量大于 14.60MJ/Kg 的规定，在用包纸或掺苯甲酸的情况下，应按包纸或掺添加物后放出的总热量来掌握。

6. 热容量和仪器常数标定

(1)计算发热量所需热容量 E 和恒温式热量计法中计算冷却校正值所需的 $v\sim(t-t_j)$ 关

系曲线或仪器常数 k 和 A 通过同一试验进行标定。

(2)在不加衬垫的燃烧皿中称取经过干燥和压片的苯甲酸,苯甲酸片的质量以 0.9~1.1g 为宜。苯甲酸应预先研细并在盛有浓硫酸的干燥器中干燥 3d 或在 60~70℃烘箱中干燥 3~4h,冷却后压片。

苯甲酸也可以在燃烧皿中熔融后使用。熔融可在 121~126℃的烘箱中放置 1h,或在酒精灯的小火焰上进行,放入干燥器中冷却后使用。熔体表面出现的针状结晶,应用小刷刷掉,以防燃烧不完全。

(3)根据所用热量计的类型(恒温式或绝热式),按照发热量测定的相应步骤准备氧弹和内、外筒,然后点火和测量温升。在恒温式热量计情况下,开始搅拌 5min 后准确读取一次内筒温度(T_0),经 10min 后再读取一次内筒温度(t_0)。随后即按发热量测定步骤点火,记下外筒温度(t_1)和露出柱温度(t_e),继续进行直到得出终点温度(t_n)。然后再继续搅拌 10min 并记下内筒温度(T_n),试验即告结束。打开氧弹,注意检查内部,如发现有炭黑存在,试验应作废。

(4)根据观测数据,计算出 v_0、v_n 和对应的内、外筒温差($t-t_j$)。上述的 t_j 为对实测的外筒温度按标准方法校正贝克曼温度基点所得的数值。热容量标定试验结束之后,列出 v_0、v_n 及对应的内、外筒温差(表 2-11)。

表 2-11　v_0、v_n 和对应的内、外筒温差($t-t_j$)

v	$(t-t_j)$
$v_0=(T_0-t_0)/10$	$(T_0+t_0)/2-t_j$
$v_n=(t_n-T_n)/10$	$(t_n+T_n)/2-t_j$

以 v 为纵坐标,以 $t-t_j$ 为横坐标作出 $v\sim(t-t_j)$ 关系曲线(图 2-25)或用一元线性回归的方法计算出 k 和 A。

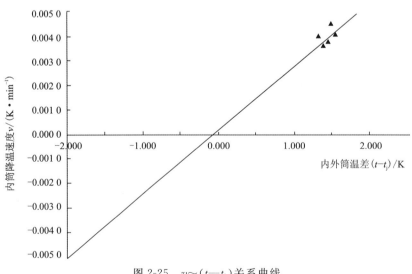

图 2-25　$v\sim(t-t_j)$ 关系曲线

(5) 热容量标定中硝酸形成热可按式(2-13)求得：
$$q_n = Q \times m \times 0.0015 \quad (2-13)$$
式中：q_n 为硝酸形成热(J)；Q 为苯甲酸的标准热值(J/g)；m 为苯甲酸的用量(g)；0.0015 为苯甲酸燃烧时的硝酸形成热校正系数。

(6) 按照标准方法进行各项必要的校正。

(7) 热容量 E 按式(2-14)计算：
$$E = \frac{Q \times m + q_1 + q_2}{H[(t_n + h_n) - (t_0 + h_0) + C]} \quad (2-14)$$

这里 C 的计算中所用的 v_0 和 v_n 应是根据每次试验中实测的内外筒温差 (t_0-t_j)、(t_n-t_j) 从 $v\sim(t-t_j)$ 关系曲线中查得的值，或是由式(2-5)和式(2-6)计算得出的值，然后代入冷却校正公式以求出 C 值。当例常测定中采用瑞-方公式计算冷却校正值时，热容量计算中也应采用同一公式。

(8) 热容量标定一般应进行 5 次重复试验。计算 5 次重复试验结果的平均值和相对标准差，其相对标准差不应超过 0.20%，若超过 0.20%，再补做一次试验，取符合要求的 5 次结果的平均值，修约至 1J/K，作为该仪器的热容量。若任何 5 次结果的相对标准差都超过 0.20%，则应对试验条件和操作技术仔细检查并纠正存在问题后，重新进行标定，舍弃已有的全部结果。

(9) 在使用新型热量计前，需确定其热容量的有效工作范围。方法是：用苯甲酸至少进行 8 次热容量标定试验，苯甲酸片的质量一般从 0.7~1.3g，或根据被测样品可能涉及的热值范围(温升)确定苯甲酸片的质量。在两个端点处，至少分别做 2 次重复测定。然后，以温升 $\Delta t(t_n-t_0)$ 为横坐标，以热容量 E 为纵坐标，绘制温升与热容量值的关系图。如果从图中观察到的热容量值在整个范围内没有明显的系统性变化，该热量计的热容量可视为常数；如果观察到的热容量值与温升有明显的相关性，用一元线性回归的方法求得 E 和 Δt 的关系式，即
$$E = a + b\Delta t \quad (2-15)$$

并计算线性回归方程的估计方差和相对标准差，其相对标准差不应超过 0.20%。除了燃烧不完全的试验结果必须舍弃外，所有的结果都应包括在计算中。如果精密度满足要求，在测定试样的发热量时，就可根据实际的温升 Δt 用式(2-15)确定所用的热容量值(查图或用公式计算)。如果精密度不能满足要求，应查找原因，解决问题后，进行一组新的标定。

(10) 热容量标定值的有效期为 3 个月，超过此期限时应重新标定。但下列情况时，应立即重测：①更换量热温度计；②更换热量计大部件如氧弹头、连接环(由厂家供给的或自制的相同规格的小部件如氧弹的密封圈、电极柱、螺母等不在此列)；③标定热容量和测定发热量时的内外筒温度相差超过 5K；④热量计经过较大的搬动之后。

如果热量计量热系统没有显著改变，重新标定的热容量值与前一次的热容量值相差不应超过 0.25%，否则，应检查试验程序，解决问题后再重新进行标定。

缺乏确切的物理定义或偏离经典方法的高度自动化的热量计(指自动化程度很高但未按

照标准中的原理和规定设计,或未按照规定进行结果计算的热量计),应增加标定频率,必要时应每天进行标定。

7. 结果的表述

弹筒发热量和高位发热量的结果计算到 1J/g,取高位发热量的两次重复测定的平均值,按《煤炭分析试验方法一般规定》(GB/T 483—2007)数字修约规则修约到最接近 10J/g 的倍数,按 J/g 或 MJ/kg 的形式报出。

8. 方法的精密度

发热量测定的重复性限和再现性临界差如表 2-12 规定。

表 2-12 发热量测定的重复性限和再现性临界差

高位发热量/(J·g^{-1})	重复性限 $Q_{gr,ad}$	再现性临界差 $Q_{gr,d}$
	120	300

9. 低位发热量的计算

(1)恒容低位发热量。煤或水煤浆(称取水煤浆干燥试样时)的收到基恒容低位发热量按式(2-16)计算:

$$Q_{net,v,ar} = (Q_{gr,v,ad} - 206 H_{ad}) \times \frac{100 - M_t}{100 - M_{ad}} - 23 M_t \tag{2-16}$$

式中:$Q_{net,v,ar}$ 为煤或水煤浆的收到基恒容低位发热量(J/g);$Q_{gr,v,ad}$ 为煤(或水煤浆干燥试样)的空气干燥基恒容高位发热量(J/g);H_{ad} 为煤(或水煤浆干燥试样)的空气干燥基氢的质量分数(按 GB/T 476 测定)(%);M_t 为煤的收到基全水分或水煤浆的水分(M_{cwm})的质量分数(%);M_{ad} 为煤(或水煤浆干燥试样)的空气干燥基水分的质量分数(%);206 为对应于空气干燥煤样(或水煤浆干燥试样)中每 1%氢的气化热校正值(恒容)(J/g);23 为对应于收到基煤或水煤浆中每 1%水分的气化热校正值(恒容)(J/g)。

如果称取的是水煤浆试样,其恒容低位发热量按式(2-17)计算:

$$Q_{net,v,cwm} = Q_{gr,v,cwm} - 206 H_{cwm} - 23 M_{cwm} \tag{2-17}$$

式中:$Q_{net,v,cwm}$ 为水煤浆的恒容低位发热量(J/g);$Q_{gr,v,cwm}$ 为水煤浆的恒容高位发热量(J/g);H_{cwm} 为水煤浆氢的质量分数(%);M_{cwm} 为水煤浆水分的质量分数(%)。其余符号意义同前。

(2)恒压低位发热量。由弹筒发热量算出的高位发热量和低位发热量都属恒容状态,在实际工业燃烧中则是恒压状态,严格地讲,工业计算中应使用值恒压低位发热量。如有必要,煤或水煤浆(称取水煤浆干燥试样时)的恒压低位发热量可按式(2-18)计算:

$$Q_{net,p,ar} = [Q_{gr,v,ad} - 212 H_{ad} - 0.8(O_{ad} + N_{ad})] \times \frac{100 - M_t}{100 - M_{ad}} - 24.4 M_t \tag{2-18}$$

式中:$Q_{net,p,ar}$ 为煤或水煤浆的收到基恒压低位发热量(J/g);O_{ad} 为空气干燥煤样(或水煤浆干燥试样)中氧的质量分数(%);N_{ad}为空气干燥煤样(或水煤浆干燥试样)中氮的质量分数(按GB/T 19227测定)(%);212为对应于空气干燥煤样(或水煤浆干燥试样)中每1%氢的气化热校正值(恒压)(J/g);0.8为对应于空气干燥煤样(或水煤浆干燥试样)中每1%氧和氮的气化热校正值(恒压)(J/g);24.4为对应于收到基煤或水煤浆中每1%水分的气化热校正值(恒压)(J/g);其余符号意义同前。

$(O_{ad}+N_{ad})$可按式(2-19)计算:

$$(O_{ad}+N_{ad})=100-M_{ad}-A_{ad}-C_{ad}-H_{ad}-S_{t,ad} \qquad (2-19)$$

如果称取的是水煤浆试样,水煤浆的恒压低位发热量按式(2-20)计算:

$$Q_{net,p,cwn}=Q_{gr,v,cwm}-212H_{cwm}-0.8(O_{cwm}+N_{cwm})-24.4M_{cwm} \qquad (2-20)$$

式中:$Q_{net,p,cwn}$为水煤浆的恒压低位发热量(J/g);O_{cwm}为水煤浆中氧的质量分数(%);N_{cwm}为水煤浆中氮的质量分数(%);其余符号意义同前。

10. 各种不同基的煤的发热量换算

(1)高位发热量基的换算。煤的各种不同基的高位发热量按式(2-21)、式(2-22)、式(2-23)换算:

$$Q_{gr,ar}=Q_{gr,ad}\times(100-M_t)/(100-M_{ad}) \qquad (2-21)$$

$$Q_{gr,d}=Q_{gr,ad}\times 100/(100-M_{ad}) \qquad (2-22)$$

$$Q_{gr,daf}=Q_{gr,ad}\times 100/(100-M_{ad}-A_{ad}) \qquad (2-23)$$

式中:Q_{gr}为高位发热量(J/g);A_{ad}为空气干燥基煤样灰分的质量分数(%);ar、ad、d、daf分别代表收到基、空气干燥基、干燥基和干燥无灰基;其余符号意义同前。

(2)低位发热量基的换算。煤的各种不同水分基的恒容低位发热量按式(2-24)换算:

$$Q_{net,v,M}=(Q_{gr,ad}-206H_{ad})\times\frac{100-M}{100-M_{ad}}-23M \qquad (2-24)$$

式中:$Q_{net,v,M}$表示水分为M的煤的恒容低位发热量(J/g);M为煤样的水分,以质量分数(%)表示,干燥基时$M=0$,空气干燥基时$M=M_{ad}$,收到基时$M=M_t$;其余符号意义同前。

11. 注意事项

(1)氧气钢瓶压力要求大于或等于4.0MPa,低于4.0MPa时需要更换氧气。充氧时当充氧仪压力表稳定后,需继续保持15s以上。

(2)每次实验前都应检查氧弹是否漏气;实验结束后应认真检查氧弹内是否有试样溅出,燃烧皿内是否有炭黑存在,如果有则应采取相应措施重新测定。

(3)试样装上点火丝后,氧弹应轻拿轻放,任何时候都不能让氧弹出现振动。

(4)金属点火丝不得与燃烧皿接触,以防短路。

(5)充氧和放气应缓慢进行。充氧时间不应少于30s,放气时间不应少于60s。

第三节 煤的气化性能

煤炭气化工艺是将固体煤最大程度地加工成为气体燃料的过程。煤炭气化已经成为现代煤化工和 CO_2 捕获与封存的前导技术。

为了使气化过程顺利进行、气化反应完全,并满足不同气化工艺过程,通常需要测定煤的反应性、热稳定性、结渣性、灰熔点和灰黏度等指标。

实验十三　煤对二氧化碳的化学反应性的测定

煤对二氧化碳的化学反应性,是指在一定条件下煤制成的焦与二氧化碳进行化学反应的能力。煤的反应性是气化用煤和动力用煤的重要指标。本实验根据《煤对二氧化碳化学反应性的测定方法》(GB/T 220—2018)制定,适用于褐煤、烟煤、无烟煤和焦炭。

1. 实验目的

(1)了解煤对二氧化碳化学反应性测定的意义。
(2)学习和掌握煤对二氧化碳化学反应性测定的方法、原理及测定范围。

2. 实验原理

先将煤样干馏,除去挥发物(如试样为焦炭则不需要干馏处理),然后将其筛分并选取一定粒度的焦渣装入反应管中加热。加热到一定温度后,以一定的流量通入二氧化碳与试样反应。测定加热过程中反应后气体中二氧化碳的含量,以被还原成一氧化碳的二氧化碳量占通入的二氧化碳量的体积分数,即二氧化碳还原率 $\alpha(\%)$,绘制温度-二氧化碳还原率的反应性曲线。

3. 实验设备与试剂

(1)仪器设备。①反应性测定装置:反应炉,硅碳管竖式炉,最高加热温度1350℃,炉膛长约600mm,内径28~30mm;反应管,耐温1500℃的石英管或刚玉管,长800~1000mm,内径20~22mm,外径24~26mm;温度控制器,能按规定程序加热,控温精度±5℃,最高控制温度不低于1300℃。②供气系统:CO_2 气体流量计,量程0~700mL/min(在气压低于799.9hPa (1hPa=100Pa)的地区应使用更大量程的流量计);洗气瓶,内装硫酸;干燥塔,内装无水氯化钙;稳压贮气筒。③气体分析系统:奥氏气体分析器,测定范围为0~100%,精度为±2%。吸收液用氢氧化钠或氢氧化钾配成约500g/L的溶液。封闭液用蒸馏水或10%硫酸水溶液。其他满足上述测量范围和精度的在线二氧化碳分析仪如气相色谱仪、红外光谱仪等也可使用。④试样处理装置:管式干馏炉,有足够的容积,带有温控器,温度能控制在(900±20)℃;干馏管,耐温不低于1000℃的瓷管或刚玉管,长550~660mm,内径约30mm,外径33~35mm。⑤热电偶:铂铑$_{10}$-铂热电偶和镍铬-镍硅热电偶各一支。⑥热电偶套管:长500~600mm、内径5~6mm、外径7~8mm的刚玉管两根。⑦圆孔筛:直径200mm,孔径3mm和6mm,配有筛底和筛盖。⑧气压计:测量范围799.9~1 066.6hPa,精度0.13hPa,最小分度值1.33hPa,工作温度-15℃~45℃。

(2)试剂。①无水氯化钙:化学纯。②硫酸:化学纯,相对密度1.84。③氢氧化钠或氢氧化钾:化学纯。④钢瓶二氧化碳气:纯度98%以上。⑤碎瓷片或碎刚玉片:粒度为6~10mm。

4.实验准备

(1)试样处理。①按《煤样的制备方法》(GB/T 474—2008)规定制备出粒度为3~6mm的试样约300g。②用橡皮塞把热电偶套管固定在干馏管中,并使其顶端位于干馏管的中心。将干馏管直立,加入碎瓷片或碎刚玉片至热电偶套管顶端露出瓷片约100mm,然后加入试样至试样层的厚度达200mm,再用碎瓷片或刚玉片充填干馏管的其余部分。③将装好试样的干馏管放入管式干馏炉中,使试样部分位于恒温区内,将镍铬-镍硅热电偶插入热电偶套管中。④接通管式干馏炉电源,以15~20℃/min的速度升温到900℃时,在(900±20)℃下恒温1h后,关闭电源,放置冷却到室温,取出试样,用6mm和3mm的圆孔筛叠加在一起筛分试样,留取粒度为3~6mm的试样用于测定。黏结性煤处理后粒度大于6mm的焦块应破碎使之全部通过6mm筛。⑤煤样也可用100cm³的带盖坩埚在马弗炉内按③处理。

(2)反应性测定装置安装。①按图2-26连接各部件。②用橡皮塞将热电偶套管固定在反应管中,使套管顶端位于反应管相对于反应炉恒温区中心位置。将反应管直立,加入碎刚玉片或碎瓷片至热电偶顶端露出刚玉碎片或瓷碎片约50mm。

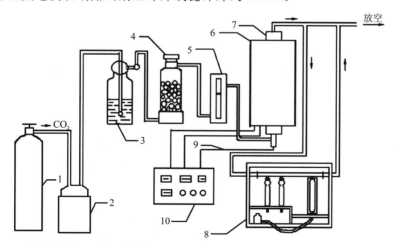

1.二氧化碳钢瓶;2.稳压贮气筒;3.洗气瓶;4.干燥塔;5.CO_2气体流量计;6.反应炉;
7.反应管;8.奥氏气体分析器;9.铂铑$_{10}$-铂热电偶;10.温度控制器。

图2-26 反应性测定装置图

5. 实验步骤

(1)将干馏后粒度为 3~6mm 的试样加入反应管,试样层高度为 100mm,并使热电偶套管顶端位于试样层中心部位,再用碎刚玉片或碎瓷片充填反应管的其余部分。

(2)将装好试样的反应管插入反应炉内,用带有导出管的橡皮塞塞紧反应管上端,把铂铑$_{10}$-铂热电偶插入到热电偶套管至其热接点接触到热电偶套管的顶部。

(3)通入二氧化碳,检查整个反应性测定装置的气密性,不漏气后继续通入二氧化碳 2~3min,然后停止通入。

(4)打开电源,以 20~25℃/min 速度升温,30min 左右将炉温升到 750℃(褐煤)或 800℃(烟煤、无烟煤和焦炭),在此温度下保持 5min。观察气压计,记录气压值。当气压值在 (1 013.3±13.3)hPa、室温在 12~28℃ 时,以 500mL/min 的流量通入二氧化碳;如气压值和室温偏离上述范围,应按"七、二氧化碳流量的调整"进行气体流量调整。注:(1 013.3±13.3)hPa 相当于(760±10)mmHg。

(5)如使用奥氏气体分析器,通气 2.5min 时,在 1min 内抽气清洗系统并取气,停止通入二氧化碳,分析气样中的二氧化碳体积分数。若使用在线二氧化碳分析仪,应在通入二氧化碳 3min 时记录仪器所显示的二氧化碳体积分数。

(6)在使用奥氏气体分析器进行气体分析的同时,或使用在线二氧化碳气体分析仪读取二氧化碳体积分数后,继续以 20~25℃/min 的速度升温。每升高 50℃ 按步骤(4)和(5)保温、通气并取气分析每个温度下反应后气体中的二氧化碳体积分数,直至温度达到 1100℃ 时为止。注:特殊需要时,可测定到 1300℃。

6. 结果表达

(1)不同温度下 CO_2 还原率 α(%)按下式计算:

$$\alpha = \frac{100 \times (100 - y - x)}{(100 - y) \times (100 + x)} \times 100 \tag{2-25}$$

式中:α 为 CO_2 还原率,以体积分数(%)表示;y 为 CO_2 气体中杂质气体体积分数(%);x 为反应后气体中 CO_2 体积分数(%)。

(2)结果表述。每个试样做两次测定,按《煤炭分析试验方法一般规定》(GB/T 483—2007)规定的数据修约规则,将测得的反应后气体中的二氧化碳体积分数 x 修约到小数点后一位,计算出各个温度下的二氧化碳还原率 α,修约到小数点后一位,将二氧化碳还原率 α 测定结果填入"八、反应性曲线的绘制"所示的结果报告表中(表 2-13)。

表 2-13 煤样在不同温度下的二氧化碳还原率

温度/℃	800	850	900	950	1000	1050	1100
α/%	3.5	11.0	23.0	37.3	54.3	69.5	79.9
	4.9	12.8	25.9	40.0	57.0	74.2	82.4

(3)以温度为横坐标，α 值为纵坐标的图上标出两次测定的各试验结果点，按最小二乘法原理绘制一条平滑的曲线为反应性曲线(图 2-27)。

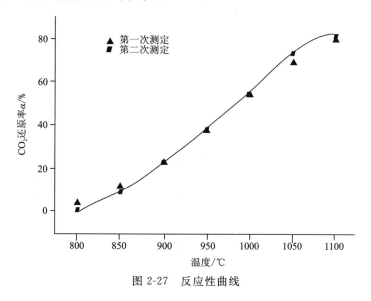

图 2-27 反应性曲线

(4)将结果报告表和反应性曲线一并报出。

7. 方法精密度

任一温度下两次测定的 α 值与反应性曲线上相应温度下 α 值的差值应不超过±3%。

8. 注意事项

(1)干馏温度对测定结果的影响：干馏温度过高或过低对实验结果都有较大影响。干馏温度越高，反应性就越低。干馏温度过低，不仅污染分析系统，还会使计算结果产生严重偏差。

(2)为使测定结果准确可靠，必须按要求对实验设备、气体分析器、反应气体流速进行校准。

(3)在测定过程中，反应温度、CO_2 的流量、煤样料层高度、煤样的粒度、取气时间等操作条件对煤的化学反应性的影响明显，需按照实验要求严格执行。

实验十四　煤灰熔融性的测定

煤灰熔融性是判断结渣性的主要参数，也是动力用煤和气化用煤的重要质量指标。煤灰是由多种矿物质构成的复杂混合物，这种混合物并没有一个特定的熔点，而只有一个熔化温度的范围。煤灰各种组分在一定温度下还会形成一种共熔体，这种共熔体在熔化转态时有熔解煤灰中其他高熔点物质的性能，从而改变熔体的成分及其熔化温度。煤灰熔融性是表征煤灰在一定条件下随加热温度而变化的变形、软化、呈半球和流动特征的物理状态。本实验根据《煤炭熔融性的测定方法》(GB/T 219—2008)制定,适用于褐煤、烟煤、无烟煤和水煤浆。

1. 实验目的

(1)掌握角锥法测定煤灰熔融性的操作方法。
(2)了解煤灰熔融特性。
(3)能正确观察和确定煤灰熔融的特征温度。

2. 实验原理

将煤灰制成一定尺寸的三角锥,在一定的气体介质中,以一定升温速度加热,观察灰锥在受热过程中的形态变化,观测并记录它的4个特征熔融温度,即变形温度、软化温度、半球温度和流动温度(图2-28)。

图2-28 灰锥熔融温度特征示意图

(1)变形温度DT。灰锥尖端开始变圆或弯曲时的温度。对于高熔融温度的煤灰样主要是以锥体尖端或棱角变圆为判断特征。锥体倾斜但其尖端未变圆或未明显弯曲,则不能视作DT。

(2)软化温度ST。当锥体弯曲至锥尖触及托板,或灰锥变成球形,或高度≤底长的半球形时的温度。当灰锥高度≤底长时,如果样体棱角分明,则不能视为ST,只有棱角消失并变为球形或半球形时的温度才是真正的ST。

(3)半球温度HT。灰锥变形至近似半球形,即高约等于底长一半时的温度。

(4)流动温度FT。灰锥完全熔融成为液体或展开成厚度小于1.5mm薄层时的温度。有的试样在高温下挥发以致明显缩小到接近消失,但并非"展开"状态,则不应视为FT。

3. 仪器设备与试剂材料

(1)仪器设备。

①高温炉,需满足下列条件:能加热到1500℃以上;有足够的恒温带(各部位温差小于5℃);能按规定的程序加热;炉内气氛可控制为弱还原性和氧化性;能在试验过程中观察试样形态变化。图2-29为一种适用的管式硅碳管高温炉。

②热电偶及高温计:测量范围0~1500℃,最小分度1℃,加气密刚玉保护管适用。③灰锥模子:由对称的两个半块组成的黄铜或不锈钢制品,如图2-30所示。④灰锥托板模:由模座、垫片和顶板3部分构成,用硬木或其他坚硬材料制作,如图2-31所示。⑤常量气体分析器:可测量一氧化碳、二氧化碳和氧气含量。

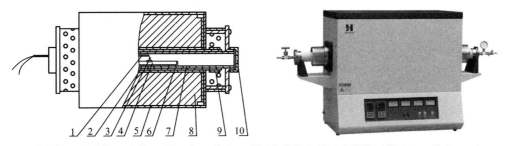

1. 热电偶;2. 硅碳管;3. 灰锥;4. 刚玉舟;5. 炉壳;6. 刚玉外套管;7. 刚玉内套管(内径 50mm,长 600mm);
8. 保温材料;9. 硅碳管电极片;10. 观察孔。

图 2-29 管式硅碳管高温炉示意图和管式硅碳管高温炉实物图

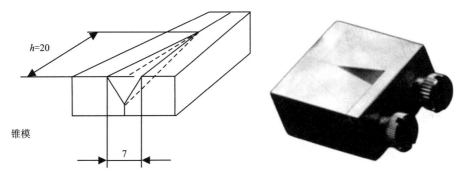

图 2-30 灰锥模子示意图(单位:mm)和灰锥模子实物图

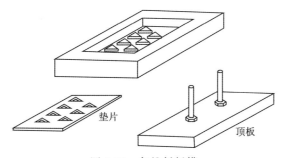

图 2-31 灰锥托板模

(2)试剂材料。①糊精溶液:糊精(化学纯)10g 溶于 100mL 蒸馏水中,配成 100g/L 溶液。②氧化镁:工业品,研细至粒度小于 0.1mm。③碳物质:灰分低于 15%,粒度小于 1mm 的无烟煤、石墨或其他碳物质。④煤灰熔融性标准物质:可用来检查试验气氛性质的煤灰熔融性标准物质。⑤二氧化碳。⑥氢气或一氧化碳。⑦刚玉舟:耐温 1500℃以上,能盛足够量的碳物质。⑧灰锥托板:在 1500℃下不变形,不与灰锥发生反应,不吸收灰样。⑨三氧化二铝(工业用)。⑩高岭土(工业用)。⑪可溶性淀粉(工业用)。⑫玛瑙研钵。⑬金丝:直径不小于 0.5mm,或金片,厚度 0.5~1.0mm,纯度 99.99%,熔点 1064℃。⑭钯丝:直径不小于 0.5mm,或钯片,厚度0.5~1.0mm,纯度99.99%,熔点1554℃。

4. 试验条件

(1)试验气氛及其控制。①弱还原性气氛,可用下述两种方法之一控制:通气法,炉内通入下述两种混合气体之一,即体积分数为(50±10)%的氢气和体积分数为(50±10)%的二氧化碳混合气体;体积分数为(60±5)%的一氧化碳和体积分数为(40±5)%的二氧化碳混合气体;封碳法,炉内封入碳物质。②氧化性气氛,炉内不放任何含碳物质,并使空气自由流通。

(2)试样形状和尺寸。试样为三角锥体,高 20mm,底为边长 7mm 的正三角形,锥体的一侧面垂直于底面。

5. 实验准备

(1)灰的制备。取粒度小于 0.2mm 的空气干燥煤样,按《煤的工业分析方法》(GB/T 212—2008)规定将其完全灰化,然后用玛瑙研钵研细至 0.1mm 以下。

(2)灰锥的制作。取 1~2g 煤灰放在瓷板或玻璃板上,用数滴糊精溶液润湿并调成可塑状,然后用小尖刀铲入灰锥模中挤压成型。用小尖刀将模内灰锥小心地推至瓷板或玻璃板上,在空气中风干或在 60℃下干燥备用。注:除糊精溶液外,可视煤灰的可塑性用水或 100g/L 的可溶性淀粉溶液。

6. 实验步骤

(1)在弱还原性气氛中测定。用糊精溶液将少量氧化镁调成糊状,用它将灰锥固定在灰锥托板的三角坑内,并使灰锥垂直于底面的侧面与托板表面垂直。

将带灰锥的托板置于刚玉舟上,如用封碳法来产生弱还原性气氛,则预先在舟内放置足够量的碳物质。炉内封入的碳物质种类和量根据炉膛大小和密封性用试验的方法确定。

对于高温炉,一般可在刚玉舟中央放置石墨粉 15~20g,两端放置无烟煤 40~50g(对气疏高刚王管炉膛)或在刚玉舟中央放置石墨粉 5~6g(对气密刚玉管炉膛)。打开高温炉炉盖,将刚玉舟徐徐推入炉内至灰锥位于高温带并紧邻热电偶热端(相距 2mm 左右)。关上炉盖,开始加热并控制升温速度为:900℃以下,(15~20)℃/min;900℃以上,(5±1)℃/min。

如用通气法产生弱还原性气氛,则从 600℃开始通入氢气或一氧化碳和二氧化碳混合气体,通气速度以能避免空气渗入为准。流经灰锥的气体线速度不低于 400mm/min,对于高温炉,可为 800~1000mL/min。

警示:从炉内排出的气体中含有部分一氧化碳,因此,应将这些气体排放到外部大气中(可使用排风罩或高效风扇系统)。如果使用了氢气,要特别注意防止发生爆炸,应在通入氢气前和停止氢气供入后用二氧化碳吹扫炉内。

随时观察灰锥的形态变化(高温下观察时,需戴上墨镜),记录灰锥的 4 个熔融特征温度。待全部灰锥都达到流动温度或炉温升至 1500℃时断电、结束试验。待炉子冷却后,取出刚玉舟,拿下托板,仔细检查其表面,如发现试样与托板作用,则另换一种托板重新试验。

(2)在氧化性气氛下测定。测定手续与在弱还原性气氛中测定手续相同,但刚玉舟内不放任何含碳物质,并使空气在炉内自由流通。

(3)用自动测定仪测定。使用带有自动判断功能的自动测定仪时,在测定后应对记录下来的图像进行人工核验,且应经常用标准物质检查试验气氛。

7. 实验记录和结果处理

(1)记录4个熔融特征温度——DT、ST、HT、FT,计算重复测定值的平均值并修约到10℃报出。
(2)记录试验气氛性质及其控制方法。
(3)记录托板材料及实验后的表面状况。
(4)记录实验过程中产生的烧结、收缩、膨胀和鼓包等现象及其相应温度。

8. 精密度

煤灰熔融性测定的精密度见表2-14。

表2-14 煤灰熔融性测定的精密度

熔融特征温度	精密度	
	重复性限/℃	再现性临界差/℃
DT	60	—
ST	40	80
HT	40	80
FT	40	80

9. 注意事项

(1)温度特征判定。①变形温度:对某些高熔融温度煤灰出现锥尖微弯或在较低温度下微弯,然后又变直,再变弯的现象,此时不应判为DT;锥体倾斜但锥尖为变圆或为弯曲,不应判为DT;锥体整个缩小但锥尖为变圆或弯曲不应判为DT。②软化温度:在高度等于底长的情况下,应注意样块是否成球形。若此时样块棱角分明,则不应把此时温度记为ST;有时由于锥体向后倾斜而倒在托板上,使得从正面看去见到一个等边三角形,则不应把此时温度记为ST。③流动温度:判定FT时,应以试样在托板上展开为主要依据,有些煤灰缩小到接近消失,但不是展开成厚度小于1.5mm状态,此种情况不应记为FT;当可看到试样上表面处有一条亮线时,试样已熔化成液体,应判为FT;试样展开成厚度小于1.5mm状态,但表面有明显的起伏或冒泡现象,试样已熔化成液体,应判为FT。

(2)灰锥托板的选用。在实验中煤灰会和与其酸、碱性相反的托板作用,而造成测定的误差。因此在实验中应根据煤灰选择不同材质的托板,碱性灰应选择氧化镁制的托板,酸性灰应选择氧化铝制的托板。

实验十五　煤灰黏度的测定

煤灰黏度是指煤灰在高温熔融状态下对流动阻力的量度。煤灰熔融状态下的流动特性是决定液态排渣气化炉长周期稳定运行的关键因素,了解煤灰黏度是选择和设计液态排渣的气化和燃烧设备的重要依据。本实验依据《煤灰黏度测定方法》(GB/T 31424—2015)制定,适用于煤灰和炉渣。

1. 实验目的

(1)学习和掌握煤灰黏度的测定原理、方法和步骤。
(2)了解高温黏度计的基本构造。

2. 实验原理

将煤灰制成适当尺寸的小球,逐个放入已在高温炉加热到一定温度的坩埚中熔融,将钢丝扭矩式黏度计的测杆插入熔体中并使之以一定速度旋转。采用降温测定方法,从最高温度开始,每隔20~50℃测定一个温度点的钢丝扭转角,直至黏度大于50(或100)Pa·s。从黏度-扭转角曲线上查出各温度点的黏度,以温度为横坐标,黏度为纵坐标,绘制温度-黏度曲线。

3. 仪器设备与试剂材料

(1)仪器设备。①钢丝扭矩式黏度计:用于煤灰黏度测定的钢丝扭矩式黏度计,由供气系统、高温炉、测量系统组成,其黏度测量范围为1~100Pa·s,最高工作温度为1700℃。②供气系统:由氢气钢瓶、氮气钢瓶、减压阀、压力表和浮子流量计组成。③高温炉:最高加热温度可达1700℃,恒温区(各部位温差小于2℃)高度不少于40mm,温度在600~1700℃之间连续可调,控温精度±5℃;热电偶,由铂铑30-铂铑6(或型号符合GB/T 1598 规定的其他热偶丝)组成,测量范围为300~1700℃,热偶丝直径为0.5mm,加气密刚玉保护管使用;刚玉套管,可耐1700℃以上高温。④测量系统:主要包括电动机、钢丝、测杆、上转盘、下转盘;弹性钢丝,直径0.25~0.3mm;测杆,铝制品或其他耐高温材料(刚玉、铂铑),直径4mm,长320mm,一端带直径10mm、长10mm的圆柱体,测杆的垂直度为0.03∶100,测杆头尺寸的偏差为0.1mm,表面粗糙度为3.2μm,测杆使用前应检查;毫秒计,量程0~10 000ms,分度值1ms,用于测定钢丝扭转角;铝(铂)丝,直径为1.5mm、1.0mm、0.8mm;坩埚,刚玉或其他耐高温材料(铝、铂铑),内径33mm,外径37mm,高50mm,耐火温度在1900℃以上。

(2)试剂材料。①黏度标准物质:硅油,黏度值已知(约为1Pa·s、5Pa·s、10Pa·s、25Pa·s、50Pa·s和100Pa·s)的有证标准物质,用于常温下标定黏度计;硼酐,黏度-温度关系已知的有证标准物质,用于高温下标定黏度计。如不能得到硼酐黏度-温度关系已知的有证标准物质,用已经在常温下用硅油标准物质标定过的钢丝扭矩式黏度计,测定硼酐在不同温度下的标定黏度值。②氢气:纯度不小于99.5%。③氮气:纯度不小于95%。④糊精溶液:100g/L,

称取10g糊精(化学纯)溶于100mL蒸馏水中。

4. 准备工作

(1)样品制备。将按《煤样的制备方法》(GB 474—2008)制备的煤样,按《煤的工业分析方法》(GB/T 212—2008)灰化,每个煤灰样至少100g。将烧成的灰分成两份,一份备用,另一份用糊精溶液润湿后制成直径约为10mm的灰球,晾干或低温烘干后,待用。注:也可预先用高温马弗炉将煤灰熔融,冷却后待用。

(2)恒温区的确定。①高温炉首次使用时,加热元件更换和炉子使用较长时间后都应确定恒温区。②在炉内底部固定一支热电偶,热端位于炉膛中部。将该热电偶热端设为测量的基准端,以控制炉子升温。从炉顶上部置入一支可移动的热电偶,并将其热端与固定热电偶热端置于同一水平位置。炉温升至1700℃,恒温5~10min后,分别读出移动热电偶和固定热电偶的测量值(两点的温度值应相等)。③将移动热电偶向上移动10mm(要控制好固定热电偶温度值使其保持恒温状态),恒温5~10min。读取并记录该点的温度值。然后,将移动热电偶继续向上移动10mm,记录该点的温度值。依次逐点类推,直至温度开始下降。将移动热电偶热端重新置于与固定热电偶的同一水平位置,开始向下移动10mm,记下该点温度值。继续向下移动10mm,记录该点的温度值。依次逐点类推,直至温度开始下降。根据上述结果,确定出恒温区。

(3)熔体温度的校正。将一支测定用热电偶(外热电偶)由炉底置入炉内距离坩埚底部2~3mm(图2-32)。在坩埚内装入熔体,其数量与时间相同。将另一支热电偶(内热电偶)放入坩埚内,按测定时的升温速度将炉温升至最高温度1700℃,并恒温2~3min。测出外热电偶及内热电偶的温度后,降温(与测定时降温速度相同),每降50℃恒温测量一个点,至1000℃后完毕。绘出外热电偶与内热电偶温度校正曲线,以此为温度测量时的修正依据。

(4)黏度计标定。①常温标定法:用黏度值约为1Pa·s、5Pa·s、10Pa·s、25Pa·s、50Pa·s和100Pa·s的硅油标准物质为测定介质,在19~21℃下,用钢丝扭矩式黏度计测定相应的扭转角(或毫秒计读数)。以硅油黏度标准值为纵坐标,扭转角为横坐标,绘制黏度-扭转角(或毫秒计读数)曲线。②高温标定法:取破碎成5~15mm的小块硼酐50g左右为测定介质,在黏度为1~100Pa·s的相应温度范围内,从1200℃开始,每降温50℃测定一个黏度值,直至700℃。用钢丝扭矩式黏度计测定不同温度下的扭转角(或毫秒计读数)。以硼酐黏度测定值为纵坐标,扭转角(或毫秒计读数)为横坐标,绘制黏度-扭转角(或毫秒计读数)曲线。

(5)坩埚捆绑。用直径为1.5mm的钼丝作坩埚架(长度视炉口到炉内恒温区的距离而定),然后用直径为1.0mm(或0.8mm)的钼丝绑扎于坩埚架上(图2-33)。

5. 实验步骤

(1)将一捆绑好的坩埚稳定地吊在炉膛中,坩埚应位于炉膛恒温区,其底部距热电偶2~3mm。转动黏度计悬臂,使测杆对准高温炉炉口中央。开动黏度计,观察测杆是否同心旋转,

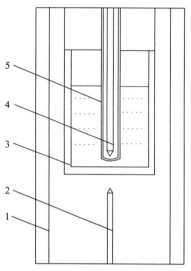

1.钼丝加热管;2.外热电偶;3.坩埚;
4.内热电偶;5.刚玉电偶套管。

图 2-32 熔体温度校正

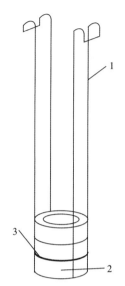

1.直径为 1.5mm 的钼丝;2.坩埚;
3.直径为 1.0mm(或 0.8mm)的钼丝。

图 2-33 坩埚捆绑示意图

如有明显摆动,应更换测杆或将其调直,并调节测量系统各接头,使电动机轴、弹性钢丝和测杆在同一轴线上。慢慢降下黏度计悬臂,至测杆刚好触及坩埚底部,记下高度标尺读数 H_1(mm),然后提起测杆。将测杆插入带水的坩埚中,开动黏度计,测定并记录零点读数。

(2)接通电源,温度低于 1200℃时,升温速度为 10~15℃/min,温度为 1200~1500℃时,升温速度为 5~7℃/min;温度为 1500~1700℃。升温速度为 3~5℃/min。

(3)当炉温升至 600℃时,打开氮气钢瓶开关,氮气流量为 500mL/min,往冷却水套中通入冷水。当炉温升至 1500℃或以上时,打开氢气钢瓶开关,并调节氮气和氢气的流量,使氢气在混合气体中占 20%(体积分数),混合气体总流量为 1000mL/min。然后将灰球逐个投入坩埚中熔融(或投入已熔融好的晶体),直到熔体高度达到 25~30mm 为止。熔融过程中应防止熔体起泡溢出。全部灰球熔完后,保温 10min 以上,待熔体中气泡完全消失后,用一根直径 1.5mm 的钼丝插入熔体至坩埚底,然后立即抽出,于冷水中急冷,由钼丝上的熔体痕迹量出熔体高度 H_D(mm)。将测杆小心地放入炉内坩埚中央,并调节它的高度使其插入熔体 15mm,即黏度计高度标尺读数 H_2,满足式(2-26)的要求:

$$H_2 = H_1 + H_D - H_0 \tag{2-26}$$

式中:H_2 为测杆插入熔体 15mm 时,黏度计高度标尺读数(mm);H_1 为测杆触及坩埚底部时,黏度计高度标尺读数(mm);H_D 为坩埚内熔体高度(mm);H_0 为测杆插入坩埚内熔体的高度(mm),等于 15mm。

(4)开动黏度计进行降温测定,根据黏度变化情况每隔 20~50℃测定一点。每点测定时应先恒温 10~15min,待温度和扭转角(或毫秒计读)都稳定后开始测定,在 5min 内至少读取 3 次温度和扭转角(或毫秒数),取其平均值为该点温度和扭转角(或毫秒数)值。当黏度大于 50Pa·s(或 100Pa·s)时停止试验,并迅速将测杆提升至炉外,浸入冷水中冷却。炉温降至

1000℃以下时,断电、停止通氢气,温度降至400℃以下时,停止通氮气。

6. 结果表述

(1)根据各测定点的扭转角减去零点扭转角(或毫秒计读数减去零点毫秒计读数)从黏度计标定曲线上查出相应的黏度值。

(2)记录和报告各温度测点下的黏度值,并以温度为横坐标、黏度值为纵坐标,绘制或者利用数学方法拟合被测煤灰的黏度-温度曲线,绘制曲线的两条切线,切线的交点(图 2-34 中 o 点)所对应的温度为临界黏度温度,查出临界黏度,最后将黏度-温度曲线、临界黏度和临界黏度温度同时报出。

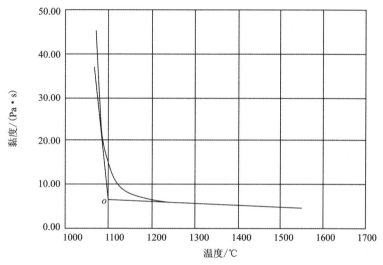

图 2-34 煤灰黏度-温度曲线

7. 方法精密度

煤灰黏度测定方法的精密度如表 2-15 规定。

表 2-15 煤灰黏度测定结果的重复性限

黏度范围	重复性限(相对)/%
≥临界黏度	20
<临界黏度	10

8. 注意事项

(1)严格遵守实验室制度,使用易燃易爆气体,要配备气体报警器,并在通风橱中完成实验。

(2)实验过程中需要有人全程看管仪器,注意冷却水的流量、气体流量以及温度变化的情况。

(3)实验过程中,如遇突发情况黏度计停止测试,应该立刻把温控仪自动模式切换到手动模式,调整一个合适的输出功率控制降温速率,防止高温下快速降温会损坏仪器。

实验十六　煤的结渣性测定

煤的结渣性是指煤在气化或燃烧过程中,煤灰受热软化、熔融而结渣的性能的量度。试样在规定的鼓风强度下气化和燃烧后,灰渣中粒度大于6mm的渣块占总灰渣的质量百分数,称为试样在该鼓风强度下的结渣率。

煤的结渣性是评价煤的气化和动力用煤的重要指标,是选用和设计有关设备的重要依据。本实验根据《煤的结渣性测定方法》(GB/T 1572—2018)制定,适用于褐煤、烟煤、无烟煤和焦炭。

1. 实验目的

(1)掌握煤的结渣性测定的原理及方法。
(2)了解结渣性和煤灰熔融性在反映煤化特性上的区别。

2. 实验原理

将3～6mm粒度的试样装入特制的气化装置中,用木炭引燃,在规定鼓风强度下使其气化或燃烧,待试样燃尽后停止鼓风,冷却,将残渣称量和筛分,以大于6mm的渣块占全部灰渣的质量分数计算煤的结渣率。绘制鼓风强度-平均结渣率曲线,评价煤的结渣性。

3. 仪器设备和材料

(1)结渣性测定仪。结渣性测定仪主要包括烟气室、气化套、空气室、测压装置和流量计等。
(2)鼓风机。风量不小于$12m^3/h$,风压不小于49hPa。
(3)马弗炉。炉内加热室尺寸高不小于140mm,宽不小于200mm,深不小于320mm。炉后壁或上壁应有排气孔,并配有温度控制器。
(4)工业天平。最大称量1kg,感量0.01g。
(5)振筛机。往复式,频率$(240\pm20)min^{-1}$,振幅$(40\pm2)mm$。
(6)圆孔筛。筛孔3mm和6mm,并配有筛盖和筛底。
(7)U形压力计。可测量不小于49hPa压差。
(8)带孔铁铲。尺寸为100mm×100mm,边高20mm,底面均匀分布直径2.0～2.5mm的孔约100个。
(9)浅盘。用厚度1.0～1.5mm的耐热金属材料制成,尺寸长不小于200mm,宽不小于150mm,高不小于40mm。底盘四角处有20mm的垫脚。

(10)漏斗。由耐热材料制成。大口直径 120mm,小口直径 45mm,高约 120mm。

(11)试样桶。容积 400cm³。

4. 试样的制备

(1)按《煤样的制备方法》(GB/T 474—2008)的规定,制备粒度为 3~6mm 并达到空气干燥状态的试样 4kg 左右。

(2)挥发分焦渣特征小于或等于 3 的煤样以及焦炭不需要经过破黏处理。

(3)挥发分焦渣特征大于 3 的煤样按下述方法进行破黏处理:①将马弗炉预先升温到 300℃;②量取煤样 800cm³(同一鼓风强度重复测定用样量)放入铁盘内,摊平,使其厚度不超过铁盘高度的 2/3;③打开炉门,迅速将铁盘放入炉内,立即关闭炉门;④待炉温回升到 300℃以后,恒温 30min。然后将温度调到 350℃,并在此温度下加热到挥发物逸完为止;⑤打开炉门,取出铁盘,趁热搅松煤样,并倒在振筛机上过筛。遇有大于 6mm 的焦块时,轻轻压碎,使其全部通过 6mm 筛子。取 3~6mm 粒度煤样备用。

5. 测定步骤

(1)取试样 400cm³,并称量(称准到 0.01g)。

(2)将试样倒入气化套内,平整样品,将垫圈装在空气室和烟气室之间,用锁紧螺筒紧固。

(3)称取约 15g 木炭,放在带孔铁铲内,加热至灼红。

(4)开动鼓风机、调节空气针形阀,使空气流量不超过 2m³/h。再将漏斗放在仪器顶盖位置处,把灼红的木炭从顶部倒在试样表面上,取下漏斗,扒平,拧紧顶盖。再仔细调节空气流量,使其达到规定值。分别为 2m³/h、4m³/h、6m³/h,开始计时。

(5)在测定过程中,随时观察并及时调节空气流量达到规定值。从与测压孔相接的压力计中读出料层最大阻力,并记录。

(6)从观察孔中观察到试样燃尽后,关闭鼓风机,并记录反应时间。

(7)气化套冷却后取出全部灰渣,称其质量 m_2。

(8)将 6mm 筛子和筛底叠放在振筛机上,然后把称量后的灰渣全部移到 6mm 筛子上,盖好筛盖。

(9)开动振筛机,振动 30s,然后称出粒度大于 6mm 渣块的质量 m_1。

(10)每个试样在 0.1m/s、0.2m/s 和 0.3m/s(相应于空气流量分别为 2m³/h、4m³/h、6m³/h)三种鼓风强度下分别进行重复测定。在鼓风强度为 0.2m/s 和 0.3m/s 进行测定时,应先使鼓风强度在 0.1m/s 下保持 3min,然后再调节到规定值。

6. 结果表述

(1)结渣率按下式计算:

$$C_{\text{lin}} = \frac{m_1}{m_2} \times 100 \qquad (2\text{-}27)$$

式中：C_{lin}为结渣率，以质量分数(%)表示；m_1为粒度大于6mm渣块的质量(g)；m_2为总灰渣质量(g)。

（2）计算两次重复测定的平均值，并按《煤炭分析试验方法一般规定》(GB/T 483—2007)规定的数据修约规则修约到小数点后一位，报出。

（3）在结渣性强度区域图上如图2-35所示，以鼓风强度为横坐标、平均结渣率为纵坐标绘制结渣曲线。

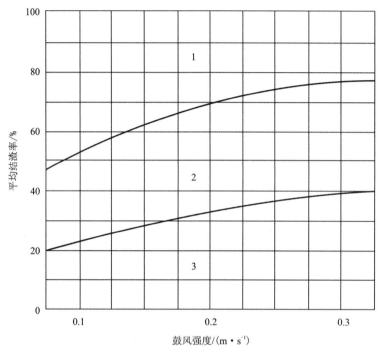

1. 强结渣区；2. 中等结渣区；3. 弱结渣区。

图2-35 结渣性强度区域图

7. 方法精密度

每一试样按0.1m/s、0.2m/s、0.3m/s三种鼓风强度进行重复测定。两次重复测定结果的差值不得超过5.0%(绝对值)。

8. 注意事项

(1)要有良好的通风条件，使实验中产生的挥发物及时排出。烟气室、空气室及排烟管路应定期清理，以防堵塞。

(2)在鼓风强度为0.2m/s和0.3m/s进行测定时，不宜在木炭燃尽后马上调到规定值，应先使风量在0.1m/s下保持3min后，再调到规定值。

(3)仪器的安装各衔接部位结合不严而漏气或者煤样装填不均匀等，都会导致试样局部燃烧不完全，使煤灰中含碳量偏高、结渣率偏低。

第四节　煤的机械加工性质

煤炭在应用过程中会经历许多机械加工过程,如磨碎、破碎、成型、筛分、分选等,这些加工过程的难易和特性与煤的很多性质有关,如破碎和磨碎与煤的硬度、机械强度、可磨性有关,筛分与煤的粒度特征有关等,将这些性质归并为煤的机械加工性质。

实验十七　煤的可磨性指数的测定(哈德格罗夫法)

煤的可磨性指数是评价动力用煤的重要参数,也是设计和选用磨煤机、估计磨煤机产率和能耗的主要依据。本实验根据《煤的可磨性指数测定方法　哈德格罗夫法》(GB/T 2565—2014)制定,适用于烟煤和无烟煤。

1. 实验目的

(1)了解可磨性指数测定的意义。

(2)掌握哈氏可磨性指数测定(简称哈氏法)的原理、方法,熟悉哈氏可磨性指数测定仪的校准和绘制校准图。

2. 实验原理

一定粒度范围和质量的煤样,经哈氏可磨性测定仪研磨后在规定的条件下筛分,称量筛上煤样的质量,由研磨前的煤样量减去筛上煤样质量得到筛下煤样的质量,在由煤的哈氏可磨性指数标准物质绘制的校准图上查得或者从一元线性回归方程中计算出煤的哈氏可磨性指数。

哈氏可磨性测定仪在用于测定煤的可磨性指数之前,应用煤的哈氏可磨性指数标准物质进行校准。

3. 仪器设备和材料

(1)仪器设备。①哈氏可磨性指数测定仪:哈氏可磨性指数测定仪中研磨件由主轴、研磨碗、研磨环、钢球组成。电动机通过减速装置和一对齿轮减速后,带动主轴和研磨环以(20 ± 1)r/min 的速度旋转。研磨环驱动研磨碗内的 8 个钢球转动,钢球直径为 25.4mm,由重块、齿轮、主轴和研磨环施加在钢球上的总垂直力为(284 ± 2)N。研磨碗与研磨环材质相同,并经过淬火处理。②筛子:实验筛,孔径分别为 1.25mm、0.63mm 和 0.071mm,直径为 200mm,并配有筛盖和筛底盘;保护筛,能套在试验筛上的圆孔筛或方孔筛,孔径为 13~19mm。③振筛机:垂直振击频率为 149min^{-1},水平回转频率为 221min^{-1},回转半径为

12.5mm。可容纳外径为200mm的一组垂直套叠并加盖和筛底盘的筛子。④天平:最大称量为100g,最小分度值为0.01g。⑤工业天平:最大称量1500g,最小分度值1g。⑥二分器:适合缩分小于6mm和小于1.25mm煤样。⑦破碎机:对辊破碎机,辊的间距可调,能将粒度6mm的煤样破碎到0.63~1.25mm,且以产生小于0.63mm的煤粉量最小为佳。

(2)材料。①煤的哈氏可磨性指数标准物质:国家一级有证标准物质(GBW 12005、GBW 12006、GBW12007、GBW 12008),其哈氏可磨性指数(HGI)分别约为40、60、80和100。②软毛刷:刷毛长度为10~30mm的短毛刷和刷毛长度为40~80mm的长毛刷。

4. 煤样制备

(1)按照《煤样的制备方法》(GB/T 474—2008)或者《煤炭机械化采样 第2部分:煤样的制备》(GB/T 19494.2—2004)将煤样破碎到6mm。

(2)将小于6mm煤样用二分器缩分出约1kg,按照《煤样的制备方法》(GB/T 474—2008)规定的空气干燥方法进行空气干燥,然后称量煤样质量m_0(称准到1g)。

(3)煤样用振筛机分批过由1.25mm和0.63mm组成的套筛,每批约200g。采用逐级破碎的方法,不断调节破碎机间隙,使其只能破碎较大的颗粒。经不断破碎、筛分直至上述煤样全部通过1.25mm筛子。留取0.63~1.25mm的煤样,弃去筛下物。

(4)称量0.63~1.25mm的煤样质量$m_{(0.63~1.25)}$(称准至1g),计算这个粒度范围的煤样质量占破碎前煤样的总质量的百分数(出样率),若出样率小于45%,则该煤样作废。再从6mm煤样中缩分出1kg,按(3)制样方法重新制样。按照式(2-28)计算0.63~1.25mm煤样的出样率。

$$X = m_{(0.63~1.25)}/m_0 \times 100\% \tag{2-28}$$

式中:X为0.63~1.25mm煤样的出样率(%);$m_{(0.63~1.25)}$为0.63~1.25mm煤样的质量(g);m_0为破碎前煤样质量(g)。

注:若重新制样的出样率仍小于45%,或地质勘探煤样量较少而不够重新制样时,可以进行试验,但应注明出样率,其结果供参考。

(5)制备好的0.63~1.25mm的煤样按照GB/T 474—2008规定的空气干燥方法进行空气干燥,达到空气干燥状态后进行测定。

5. 实验步骤

(1)试运转哈氏仪,检查是否正常,仪器应能在运转(60±0.25)r时自动停止;检查0.071mm筛子的筛面,若筛面松弛应及时更换。

(2)用短毛刷彻底清扫研磨碗、研磨环和钢球,并将钢球尽可能均匀地分布在研磨碗的凹槽内。

(3)将0.63~1.25mm的煤样混合均匀,用二分器缩分出120g,用0.63mm筛子在振筛机上筛5min,以除去小于0.63mm的粉煤;再用二分器缩分出每份不少于50g的两份煤样。

(4)称取已除去粉煤的(50±0.01)g煤样(m),称准至0.01g。将煤样均匀倒入研磨碗内,平整其表面，并将落在钢球上和研磨碗凸起部分的煤样用短毛刷清扫到钢球周围，等研磨环的十字槽与主轴下端十字头方向基本一致时将研磨环放在研磨碗内。

（5）把研磨碗移入机座内，使研磨环的十字槽对准主轴下端的十字头，同时将研磨碗挂在机座两侧的螺栓上，拧紧固定，以确保总垂直力均匀施加在8个钢球上。

（6）将计数器归零，启动电机，仪器运转(60 ± 0.25)r后自动停止。

（7）将保护筛、0.071mm筛子和筛底盘从上到下叠套好，卸下研磨碗，用长毛刷把黏在研磨环上的煤粉刷到保护筛上，然后将磨过的煤样连同钢球一起倒入保护筛，并仔细将黏在研磨碗和钢球上的煤粉刷到保护筛上。再用长毛刷把黏在保护筛上的煤粉刷到0.071mm筛子内，取下保护筛并把钢球放回研磨碗内。

（8）将筛盖盖在0.071mm筛子上，连筛底盘一起放在振筛机上振筛10min。取下筛子，用短毛刷将黏在0.071mm筛底下表面的煤粉刷到筛底盘内，重新放到振筛机上振筛5min，再刷筛底下表面一次，振筛5min，再刷筛底下表面一次。

（9）准确称取0.071mm筛上的煤样质量m_1和0.071mm筛下的煤样质量m_2，称准至0.01g。筛上和筛下煤样质量之和与研磨前煤样质量相差不得大于0.5g，否则测定结果作废，应重做试验。

6. 结果计算

（1）按下式计算0.071mm筛下煤样的质量（m_3）：

$$m_3 = m - m_1 \tag{2-29}$$

式中：m_3为筛下物质量计算值(g)；m为煤样质量(g)；m_1为筛上物质量(g)。

（2）根据筛下物质量计算值m_3，从哈氏仪的校准图上查得或者一元线性回归方程计算煤的哈氏可磨性指数。

由一元线性回归方程计算，得出可磨性指数（HGI）。

$$HGI = aX + b \tag{2-30}$$

式中：a，b为常数（通过标准煤样校准算出）；X为0.71mm筛下煤样质量(g)。

（3）取两次重复测定的算术平均值，修约到整数报出。

7. 精密度

哈氏可磨性指数的重复性限和再现性临界差见表2-16。

表2-16 哈氏可磨性指数的重复性限和再现性临界差

HGI重复性限	HGI再现性临界差
2	1

8. 注意事项

（1）煤样要求粒度为0.63～1.25mm，制样产率不小于45%，否则试样作废，必须重新制取煤样。在操作哈氏可磨仪,固定研磨碗时,两边螺栓要同时发力拧紧,两边所施加的力度要一致,研磨碗要保持水平,使荷重均匀施加在8个钢球上。

(2)在振筛过程中要按规定时间刷筛子底部,防止筛孔堵塞。振筛结束后要仔细认真清扫筛子,避免试样损失,也可防止把试样带到下次实验中影响测试结果。

实验十八 煤的落下强度测定

煤的机械强度是指块煤在外力作用下抵抗破碎的能力。块煤使用人员通常需要了解煤的机械强度,以便评估煤的块度是否符合要求,确定煤块在使用前是否需要筛分。测定煤的机械强度的方法很多,如落下试验法、转鼓试验法、耐压试验法等,本教材主要介绍落下试验法。本实验方法依据《煤的落下强度测定方法》(GB/T 15459—2006)制定,适用于褐煤、烟煤和无烟煤。

1. 实验目的

掌握煤的落下强度测定方法,分析煤的落下强度的变化规律。

2. 实验原理

将粒度60～100mm的块煤,从2m高处自由落下到规定厚度的钢板上,然后依次将落下到钢板上、粒度大于25mm的块煤再次落下,共落下3次,以3次落下后粒度大于25mm的块煤占原块煤煤样的质量分数表示煤的落下强度(S_{25})。

3. 仪器设备

(1)台秤:最大称量10kg,感量0.5g。
(2)方孔筛:筛孔尺寸分别为100mm、60mm、25mm。
(3)试验架(图2-36):钢板厚度不小于15mm,长约1200mm,宽约900mm,木框高度约200mm。标记杆位置可调。

注:只要能保证块煤能从2m高处自由落下到钢板上,任何试验架都可以使用。

4. 煤样的采取和制备

根据需要采取煤样,从中选出粒度为60～100mm的块煤煤样。

5. 测定步骤

(1)分别选取两份粒度、形状、层理类似的块煤,每份10块,称其质量,两份煤样质量应尽可能接近。

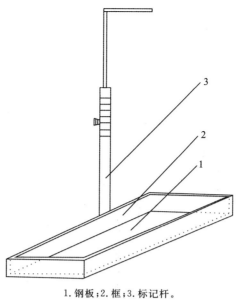

1.钢板;2.框;3.标记杆。

图 2-36 实验架示意图

(2)从试验架 2m 高处,使煤样逐块自由下落到钢板上。全部 10 块块煤落下后,筛分出粒度大于 25mm 的块煤,进行第 2 次落下,再次筛分出粒度大于 25mm 的块煤,进行第 3 次落下。3 次落下后筛分出粒度大于 25mm 的块煤,称其质量(精确到 0.5g)。

6. 结果表述

(1)按照下式计算煤的落下强度:

$$S_{25}=\frac{m_1}{m}\times 100 \tag{2-31}$$

式中:S_{25} 为煤的落下强度(%);m_1 为 3 次落下试验后粒度大于 25mm 的块煤质量(kg);m 为落下试验前块煤质量(kg)。

(2)计算煤的落下强度,结果保留到小数点后 2 位,取两次重复测定结果的平均值,按《煤炭分析试验方法一般规定》(GB/T 483—2007)数字修约规则修约到小数点后一位报出。

7. 精密度

两次重复测定结果的差值不得超过 10%(绝对)。

实验十九 煤的筛分

在煤的加工利用过程中,往往对其粒度大小及分布有一定要求,这就需要使用筛分机对原料煤进行筛选,以得到不同粒度组成的产品。本实验根据《煤炭筛分试验方法》(GB/T

477—2008)制定,适用于褐煤、烟煤和无烟煤。对粒度大于 0.5mm 和粒度小于 0.5mm 的煤炭进行的筛分实验分别称为大筛分和小筛分。

1. 实验目的

(1)了解煤炭筛分实验的作用和意义。
(2)基本掌握筛分实验的流程和数据处理。

2. 实验设备

(1)称量设备。①大筛分最大称量为 500kg、100kg、20kg、10kg 和 5kg 的台秤,其最小刻度值分别为 0.2kg、0.05kg、0.01kg、0.005kg、0.005kg,每次过秤的物料质量不得少于秤最大称量的 1/5。②小筛分:电子台秤,量程 250～500g,感量 0.1g;干燥设备,恒温箱,调温范围 50～200℃。

(2)筛分设备。①大筛分。孔径为 25mm 及其以上的用圆孔筛,筛板厚度为 1～3mm。孔径为 25mm 以下的采用金属丝编织的方孔筛网。人工筛分时,筛框可用木板钉做,参考尺寸如下:筛面尺寸 650mm×450mm;筛框高度(130±10)mm;手把长(170±10)mm。②小筛分选用的试验筛应符合 GB/T 6003.1—1997 和 GB/T 6005—1997 的规定,筛孔孔径分别为 0.500mm、0.250mm、0.125mm、0.075mm、0.045mm。如果不能满足要求,筛孔孔径可增加 0.355mm、0.180mm 和 0.090mm。

3. 筛分操作流程

(1)大筛分。①筛分试验应在筛分试验室内进行,室内面积一般为 120m^2,地面为光滑的水泥地。人工破碎和缩分煤样的地方应铺有钢板(厚度约 8mm)。②选用的最大孔径试验筛要保证筛分试验后筛上物的质量不超过筛分前试样的 5%,且其他各粒级煤的质量均不超过筛分试样总质量的 30%,否则,适当增加粒级。③筛分操作一般从最大筛孔向最小筛孔进行。若煤样中大粒度含量不多,可先用 13mm 或 25mm 筛孔的筛子截筛,然后对其筛上物和筛下物,分别从大的筛孔向小的筛孔逐级进行筛分,各粒级产物应分别称量。④筛分试验时,往复摇动筛子,速度均匀合适,移动距离为 300mm 左右,直到筛净为止。每次筛分新加入的煤量应保证筛分操作完毕时,试样覆盖筛面的面积不大于 75%且筛上煤粒能与筛面接触。⑤煤样潮湿但急需筛分时,则按以下步骤进行:采取外在水分样,并称量煤样的总质量;用筛孔为 13mm 的筛子进行筛分,得到大于 13mm(A)和小于 13mm(B)两种湿煤样产品;称量 B 样,从 B 中取外在水分样;把 A 晾至空气干燥状态后用孔径为 13mm 的筛子复筛一次,称量复筛后的筛上物并对其进行各粒级筛分,称量各粒级产品。将复筛的筛下物称量后掺入到 B 中;从 B 中缩取不少于 100kg 的试样(C),然后晾至空气干燥状态称量。对 C 进行 13mm 以下各粒级的筛分并称量。⑥必要时,对 50mm 和小于 50mm 各粒级的筛分,用下列方法检查其是否筛净:将煤样在要求的筛子中过筛后,取部分筛上物检查,符合表 2-17 规定的则认为筛净。⑦采用机械筛分时,应使煤粒在不产生破碎的情况下在整个筛分区域内保持松散状态,并用表 2-17 中方法检查其是否筛净。

表 2-17　筛净规定

筛孔/mm	入料量/(kg·m^{-2})	摇动次数(一个往复算 2 次)	筛下量(占入料)/%
50	10	2	<3
25	10	3	<3
13	5	6	<3
6	5	6	<2
3	5	10	<2
0.5	5	20	<1.5

(2)小筛分。①把煤样在温度不高于 75℃的恒温箱内烘干,取出冷却至空气干燥状态后,缩分,称取 200.0g,称准至 0.1g。②搪瓷或金属盆盛水的高度约为试验筛高度的 1/3,在第一个盆内放入该次筛分中孔径最小的试验筛。③把煤样倒入烧杯内,加入少量清水,用玻璃棒充分搅拌使煤样完全润湿,然后倒入试验筛内,用清水冲洗烧杯和玻璃棒上所黏着的煤粒。④在水中轻轻摇动试验筛进行筛分,在第一盆水中尽量筛净,然后再把试验筛放入第二盆水中,依次筛分至水清为止。⑤把筛上物倒入搪瓷或金属盘子内,并冲洗净黏着在试验筛上的筛上物,筛下煤泥经过滤后放入另一盘内,然后把筛上物和筛下物分别放入温度不高于 75℃的恒温箱内烘干。⑥把试验筛按筛孔由大到小自上而下排列好,套上筛底,把烘干的筛上物倒入最上层试验筛内,盖上筛盖。⑦把试验筛置于振筛机上,启动机器,每隔 5min 停机一次。用手筛检查。检查时,依次从上至下取下试验筛放在盘上。手筛 1min,筛下物质量不超过筛上物质量的 1%时,即为筛净。筛下物倒入下一粒级中,各粒级都应该进行检查。⑧没有振筛机,可用手工筛分,检查方法与机械筛分相同。⑨筛完后,逐级称量(称准至 0.1g)并测定灰分。⑩当煤样易于泥化时,宜采用干法筛分,其实验步骤参照⑥~⑨执行。⑪筛分过程中不准用刷子或其他外力强制物料过筛。

4.分析化验项目

(1)筛分总样及各粒级产物的化验项目如表 2-18 所示。

表 2-18　筛分总样及各粒级产物的化验项目

	煤样	化验项目
总样	原煤	水分(M_t、M_{ad})、灰分(A_d)、挥发分(V_{daf})、全硫($S_{t,ad}$)、发热量($Q_{gr,ad}$)
	浮煤	水分(M_{ad})、灰分(A_d)、挥发分(V_{daf})、全硫($S_{t,ad}$)、胶质层(x,y)、黏结指数($G_{R,1}$)
筛分各粒级产物		水分(M_{ad})、灰分(A_d)、发热量($Q_{gr,ad}$)

注 1:原煤总样全硫超过 1.5%时,总样应测全硫和成分硫,各筛分粒级只测定全硫。
注 2:动力煤总样只做原煤化验项目。
注 3:根据用户需要,化验项目可以有所增减。
注 4:浮煤系指密度小于 1.40kg/L 的产物。

(2)根据《煤样的制备方法》(GB/T 474—2008)的规定制备各粒级化验用煤样,其质量应符合表 2-18 的规定,各粒级配制化验总样用的子样和备用样的质量也符合表 2-19 的规定。

表 2-19 各粒级化验用煤样制备规定

最大粒度/mm	最小质量/kg
>100	150
100	100
50	30
25	15
13	7.5
6	4
3	2
0.5	1

(3)根据《煤炭浮沉试验方法》(GB/T 478—2008)制备各粒级浮沉试验煤样。

(4)根据《煤和矸石泥化试验方法》(MT/T 109—1996)的规定制备试验煤样。

(5)根据《煤粉(泥)实验室单元浮选试验方法》(GB/T 4757—2013)的规定配制试验煤样。

5. 结果整理

(1)大筛分。①为保证试验的准确性,试验结果要满足筛分前煤样总质量(以空气干燥状态为基准,下同)与筛分后各粒级产物质量(13mm 以下各粒级换算成缩分前的质量,下同)之和的差值,不应超过筛分前煤样质量的 1%,同时用筛分配制总样灰分与各粒级产物灰分的加权平均值的差值验证,否则该次试验无效。

煤样灰分小于 20% 时,相对差值不应超过 10%,即

$$\left|\frac{(A_d - \overline{A}_d)}{A_d}\right| \times 100\% \leqslant 10\% \tag{2-32}$$

煤样灰分大于或等于 20% 时,绝对值不应超过 2%,即

$$|(A_d - \overline{A}_d)| \leqslant 2\% \tag{2-33}$$

式中:A_d 为筛分后各产物配制总样的灰分(%);$\overline{A}_d$ 为筛分后各产物的加权平均灰分(%)。

②以筛分后各粒级产物质量之和作为 100%,分别计算各粒级产物的产率(%)。③各粒级产物的产率(%)和灰分(%)精确到 0.1%。

(2)小筛分。①为保证试验结果的准确性,筛分后各粒级产物质量之和与筛分前煤样质量的相对差值不应超过 1%,同时用筛分后各粒级产物灰分加权平均值与筛分前煤样灰分的差值验证,否则该次试验无效。

煤样灰分小于10%时,绝对差值不应超过0.5%,即

$$|(A_d - \overline{A}_d)| \leqslant 0.5\% \tag{2-34}$$

煤样灰分10%～30%时,绝对差值不应超过1%,即

$$|(A_d - \overline{A}_d)| \leqslant 1\% \tag{2-35}$$

煤样灰分大于30%时,绝对差值不应超过1.5%,即

$$|(A_d - \overline{A}_d)| \leqslant 1.5\% \tag{2-36}$$

式中:A_d为筛分前煤样灰分(%);$\overline{A}_d$为筛分后各粒级产物的加权平均灰分(%)。

②以筛分后各粒级产物质量之和作为100%,分别计算各粒级产物的产率(%)。③各粒级产物的产率(%)和灰分(%)精确到0.1%。

实验二十 煤的可选性实验

煤的可选性是指从原煤中分选出符合质量要求的精煤的难易程度。通过洗选可以从煤中选出部分夹矸和较集中的矿物质,降低精煤灰分产率和全硫等有害杂质的含量,改善煤质,提高工业利用价值,减轻环境污染等。

国家标准《煤炭的浮沉试验方法》(GB/T 478—2008)适用于生产大样。煤矿要新建设计选煤厂或对选煤厂进行改造时需做此可选性实验。生产大样作为设计用煤样时一般要求煤样量达到10t以上;作为矿井生产用煤样时不少于5t。生产大样浮沉粒度包括自然级和破碎级,从50mm以下对各粒级煤样进行实验。由于生产大样需要的煤样量较大,实验过程较为繁琐,因此日常生产中较少涉及。《煤芯煤样可选性试验》(GB/T 30049—2013)针对的是煤芯煤样或是生产型矿井的简易可选性实验;简易可选性实验煤样量一般只要求5～13kg,粒度为破碎至13mm以下的各粒级。在不具备采取大样的条件下,也可用简易可选性实验来取得必需的资料,因此简易可选性实验在实际生产中应用较多。本实验根据《煤芯煤样可选性试验方法》(GB/T 30049—2013)制定,适用于烟煤和无烟煤的煤芯煤样。

1. 实验目的

(1)了解煤样进行可选性实验的目的和意义。

(2)了解煤炭筛分、浮沉实验结果的综合整理,并根据综合表绘制可选性曲线图。

2. 浮沉实验煤样

(1)浮沉煤样的缩制按《煤样的制备方法》(GB/T 474—2008)规定执行。应挑出大于50mm的手选矸石、黄铁矿,因其不影响煤的可选性而不必配入浮沉煤样中。

(2)浮沉煤样的质量,可根据实验目的不同有所变化。一般煤样质量应符合表2-20的规定。

(3)浮沉煤样必须是空气干燥状态。

表 2-20 给定粒级煤样的最小质量

粒级上限/mm	最小质量/kg	粒级上限/mm	最小质量/kg
300	500	25	15
150	200	13	7.5
100	100	6	4
50	30	3	2

3. 实验设备

(1)颚式破碎机,排料口尺寸上限为13mm。

(2)试验筛孔径为13mm、6mm、3mm、500μm、250μm、125μm、75μm、45μm的金属丝编织方孔筛,并应符合《试验筛技术要求和检验 第1部分:金属丝编织网试验筛》(GB/T 6003.1—2022)和《试验筛 金属丝编织网、穿孔板和电成型薄板筛孔的基本尺寸》(GB/T 6005—2008)的规定。

4. 筛分实验

(1)将煤样晾至空气干燥状态,称准至0.01kg。

(2)将煤样用孔径为13mm的筛子过筛,筛上物全部用颚式破碎机破碎至13mm以下。全部煤样按《煤炭筛分试验方法》(GB/T 477—2008)规定进行大筛分和小筛分实验,大筛分实验筛最大孔径为13mm,实验流程见《煤炭筛分试验方法》(GB/T 477—2008)规定。

(3)称量各产物质量,计算产率,并进行灰分化验。

(4)缩取大筛分各粒级产物质量的1/4,按原比例配制化验总样,总样的化验项目需满足可选性实验和判定牌号的最低要求。

(5)大筛分后各粒级产物质量之和与筛分前煤样质量的差值,应不超过筛分前煤样质量的2%;小筛分后各粒级产物质量之和与筛分前煤样质量的差值,应不超过筛分前质量的1%。

(6)大筛分各粒级产物灰分的加权平均值与总样灰分的差值应符合下列规定:①煤样灰分小于20%时,相对差值不应超过15%;②煤样灰分大于或等于20%时,绝对差值不应超过3%。

5. 浮沉试验

(1)缩取各粒级产物按照《煤炭浮沉试验方法》(GB/T 478—2008)进行浮沉试验按下列密度进行:$1.30g/cm^3$、$1.40g/cm^3$、$1.50g/cm^3$、$1.60g/cm^3$、$1.70g/cm^3$、$1.80g/cm^3$、$2.00g/cm^3$。根据具体情况可适当增减某些密度。

(2)称量各密度级产物及煤泥的质量(称准到0.01kg),计算产率(γ,%),并进行灰分(A_d,%)化验,产率和灰分结果均修约至小数点后两位。

(3)大、小浮沉试验各密度级产物质量之和与试验前样品质量的差值,均应不超过试验前样品质量的2%。

(4)大浮沉试验前煤样灰分与各密度级产物灰分的加权平均值的差值应符合下列规定:①煤样灰分小于15%时,相对差值不应超过20%;②煤样灰分大于或等于15%时,绝对差值不应超过3%。

6. 可选性曲线的绘制

(1)可选性曲线。共有5条:浮物曲线(β)、沉物曲线(θ)、密度曲线(δ)、灰分特性曲线(λ)、密度±0.1曲线(ε),如图2-37和图2-38所示。

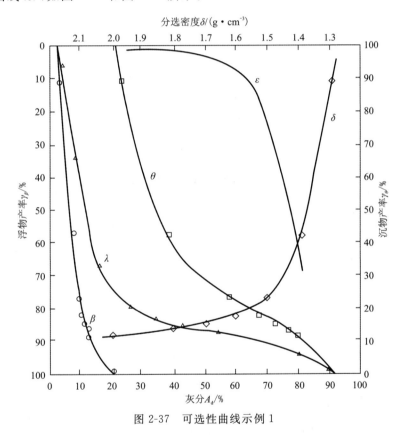

图2-37 可选性曲线示例1

取长、宽各为200mm的方格纸,用纵坐标表示产率的百分数,横坐标表示灰分百分数,方格的顶部横向从右至左表示密度。在方格纸左侧的纵轴上,标出浮物的质量分数,上端为0,下端为100%,中间分为100等份;在右侧的纵轴上标出沉物的质量分数,下端为0,上端为100%,与左侧纵轴方向正相反。

①浮物曲线(β):将表2-21中第4、5栏数据在坐标纸上由上而下、由左至右地标出相应的各点,将这些点连成平滑的曲线,即可得出浮物曲线(β)。该曲线表示浮煤的累计产率和其累计灰分的关系,利用它可以查出某一精煤(浮煤)灰分的精煤理论产率。

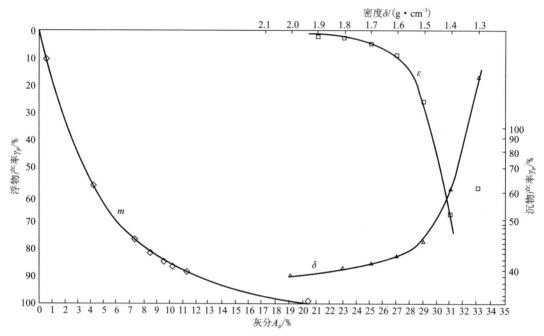

图 2-38 可选性曲线示例 2

表 2-21 0.5～50mm 粒级原煤浮沉试验综合表

密度级/ (g·cm^{-3})	产率/%	灰分/%	浮物累计		沉物累计		分选密度±0.1	
			产率/%	灰分/%	产率/%	灰分/%	密度/ (g·cm^{-3})	产率/%
1	2	3	4	5	6	7	8	9
<1.30	10.69	3.46	10.69	3.46	100	20.5	1.3	56.84
1.30～1.40	46.15	8.23	56.84	7.33	89.31	22.54	1.4	66.29
1.40～1.50	20.14	15.5	76.98	9.47	43.16	37.85	1.5	25.31
1.50～1.60	5.17	25.5	82.15	10.48	23.02	57.4	1.6	7.72
1.60～1.70	2.55	34.28	84.7	11.19	17.85	66.64	1.7	4.17
1.70～1.80	1.62	42.94	86.32	11.79	15.3	72.04	1.8	2.69
1.80～2.00	2.13	52.91	88.45	12.78	13.68	75.48	1.9	2.13
≥2.00	11.55	79.64	100	20.5	11.55	79.64	—	—
小计	100	20.5	—	—	—	—	—	—
煤泥	1.01	18.16						
合计	100	20.43	—	—	—	—	—	—

②沉物曲线(θ)：沉物曲线表示沉物累计产率和累计灰分的关系。因浮物产率+沉物产率=100%，所以右边的纵坐标是从下向上标度的，沉物曲线的上部起点，一定是原煤灰分的数量。下部终点与 λ 曲线一致。依据浮沉实验综合表 2-21 中第 6、7 两栏的数据，找出各点，

连成一条平滑曲线,即为沉物曲线 θ 。

③密度曲线(δ):在图的上横坐标从右向左标出密度数量,密度范围 $1.3\sim2.0\mathrm{g/m^3}$,将 1.3、1.4、1.5、1.6、1.7、1.8、2.0 与相应产率(表 2-21 中第 4 栏数据)得到的各点连成一条平滑曲线即密度曲线 δ。在此曲线上的任意一点,即可在左边纵轴上找出相应的浮物产率,从而可选择适当的分选密度。

密度曲线的形状还表示煤粒的密度和数量在原煤中的变化关系。例如:δ 曲线上段近于垂直的线段表示原煤中的低密度的煤粒很多;曲线的另一端距离下面的横坐标较远并且接近于水平,这表示原煤中高密度的矸石较多。而曲线的中间过渡线斜率变化越缓慢,表示中间密度煤粒越多。

④灰分特性曲线(λ):λ 曲线表示煤中浮物(或沉物)产率与分界灰分的关系,用表 2-21 中第 3、4 栏数据绘制而成。先用第 4 栏数据在左纵坐标上定出相应点并分别画横坐标平行线,将<1.3、1.3~1.4、1.4~1.5、1.5~1.6、1.6~1.7、1.7~1.8、1.8~2.0 和>2.0 各密度级产率在图上用 7 条横线隔开,然后用表 2-21 中第 3 栏数据在下横坐标上定出相应的点,并向上作垂线。由于第 3 栏数据为各密度物的平均灰分。因此,把各密度物平均灰分标在相应的各密度物产率的终点上,连接各点为一平滑曲线,即为 λ 曲线。λ 曲线的起点必须与 β 曲线的起点相重合,λ 曲线的终点必须与 θ 曲线的终点相重合,λ 曲线上任何一点都表示某一密度范围无限窄的密度物的灰分,λ 曲线以下部分的面积代表该煤的总灰分量,总灰分量被煤的总质量除即为总平均灰分(图 2-37、图 3-38)。

⑤密度±0.1 曲线(ε):浮沉实验综合表中,在只有几个分选密度的条件下,很难满足选煤工作人员要求。在生产实践中,需要知道在任意情况下的可选性难易情况,因而要绘制 ε 曲线。

(2)可选性曲线的应用。可选性曲线能全面、细致地反映出原煤性质,帮助选煤工作者判断一些选煤的工艺问题,查找理论工艺指标。可选性曲线的用途是:确定理论分选指标,判定煤的可选性难易和评价选煤效率。

第三章 煤的物理化学性质

实验二十一 煤中腐植酸产率测定

腐植酸是一种作为游离酸和金属盐(腐植酸盐)而存在于煤中的一组高分子量的复杂有机、无定形化合物基团。测定时分为总腐植酸(用焦磷酸钠碱液抽提出的腐植酸)和游离腐植酸(用氢氧化钠溶液抽提出的腐植酸)。

测定腐植酸产率的方法有容量法和残渣法等,前者为仲裁方法。本实验以容量法为准,根据《煤中腐植酸产率测定方法》(GB/T 11957—2001)制定,适用于褐煤、低变质程度烟煤和风化煤。

1. 实验目的

掌握容量法测定煤的腐植酸产率的原理、方法和步骤。

2. 实验原理

用焦磷酸钠溶液从煤样中抽提腐植酸,使煤中的腐植酸转化为可溶性的腐植酸盐;再在强酸性溶液中,用重铬酸钾将腐植酸中的碳氧化成二氧化碳;最后用硫酸亚铁铵标准溶液滴定剩余重铬酸钾。由重铬酸钾消耗量和腐植酸含碳比,计算出煤的腐植酸产率。

重铬酸钾与腐植酸反应如下:

$$2Cr_2O_7^{2-} + 3C + 16H^+ \rightarrow 4Cr^{3+} + 3CO_2 + 8H_2O$$

重铬酸钾与硫酸亚铁铵回滴反应如下:

$$Cr_2O_7^{2-} + 14H^+ + 6Fe^{2+} \rightarrow 2Cr^{3+} + 6Fe^{3+} + 7H_2O$$

3. 仪器设备与试剂

1)仪器设备

仪器设备。①分析天平:感量0.0001g。②恒温水浴:4孔或4孔以上,控温精度±1℃。③移液管:容量5mL和25mL。④锥形瓶:容量250mL。⑤容量瓶:容量250mL和1000mL。

⑥酸式滴定管：容量 50mL。

2）主要试剂。

（1）焦磷酸钠碱抽提液：取 15g 化学纯焦磷酸钠（$Na_4P_2O_7 \cdot 10H_2O$）和 7g 化学纯氢氧化钠，溶解到 1L 蒸馏水中，密闭保存。

（2）氢氧化钠抽提液 1%：取 10g 化学纯氢氧化钠溶解到 1L 蒸馏水中，密闭保存。

（3）重铬酸钾标准溶液 $c(1/6K_2Cr_2O_7)=0.1mol/L$：将优级纯重铬酸钾在 130℃下干燥 3h，置于干燥器中冷却，然后准确称取 4.903 6g，放入烧杯中，加入蒸馏水溶解，再转入 1000mL 容量瓶中，用蒸馏水稀释到刻度，摇匀备用。

（4）重铬酸钾溶液 $c(1/6K_2Cr_2O_7)=0.4mol/L$：称取 20g 重铬酸钾溶于少量水中，将溶液转入 1000mL 容量瓶中，用蒸馏水稀释到刻度，摇匀备用。

（5）硫酸亚铁铵标准溶液 $c[FeSO_4(NH_4)_2SO_4]=0.1mol/L$：称取 40g 化学纯硫酸亚铁铵 $[FeSO_4(NH_4)_2SO_4 \cdot 6H_2O]$，溶于蒸馏水中，加入 20mL 浓硫酸，用蒸馏水稀释到 1000mL，摇匀，装入棕色瓶中贮存。使用前须用 0.1mol/L 重铬酸钾溶液按下述方法标定：准确吸取 25mL 浓度为 0.1mol/L 重铬酸钾标准溶液，放入 250mL 锥形瓶中，加入 70～80mL 蒸馏水和 10mL 浓硫酸，冷却后，加邻菲啰啉指示剂 3 滴，用硫准溶液的浓度 $c(mol/L)$ 按式（3-1）计算：

$$c = \frac{25}{V} \times 0.1 \tag{3-1}$$

式中，V 为滴定 25mL 重铬酸钾标准溶液所用硫酸亚铁铵标准溶液体积（mL）。

（6）邻菲啰啉指示剂：称取 1.5g 邻菲啰啉及 1g 硫酸亚铁铵，或 0.7g 硫酸亚铁溶于 100mL 蒸馏水中，用棕色瓶保存。

（7）二苯胺指示剂：称取 0.5g 二苯胺溶于 20mL 蒸馏水中，加入 100mL 浓硫酸。

（8）硫酸：化学纯，95%。

4. 测定步骤

1）煤中总腐植酸的测定

（1）称取粒度小于 0.2mm 的一般分析煤样 0.2g（称准到 0.000 2g）于 250mL 锥形瓶中，加入焦磷酸钠碱抽提液 100mL，摇动使煤润湿，在锥形瓶口盖一小漏斗，置于（100±1）℃的水浴中（温度达不到时，加适量甘油调节），加热抽提 2h，每隔 30min 摇动一次，使煤样全部沉下。

（2）取出锥形瓶，冷却到室温，将抽提液及残渣全部转入 200mL 容量瓶中，用蒸馏水稀释到刻度，摇匀。用中速定性滤纸干过滤，弃去最初的约 10mL 溶液，随后滤出 50～100mL 滤液，供测定用。

（3）准确吸取滤液 5mL 于 250mL 锥形瓶中，用移液管准确加入 5mL 浓度为 0.4mol/L 重铬酸钾溶液和 15mL 浓硫酸，于（100±1）℃水浴中加热氧化 30min，取出冷至室温，用蒸馏水稀释到 100mL 左右，冷却后加 3 滴邻菲啰啉指示剂，用硫酸亚铁铵标准溶液滴至砖红色。另外准确吸取 2 份 0.4mol/L 的重铬酸钾，每份 5mL，各加 5mL 焦磷酸钠碱抽提液和 15mL

浓硫酸,按本条的规定氧化和滴定,测定空白值。

2)煤中游离腐植酸的测定

除用1%氢氧化钠溶液代替焦磷酸钠碱液进行抽提外,其他操作均同"煤中总腐植酸的测定"步骤进行。

5. 结果计算

测定结果按照式(3-2)计算:

$$HA_{ad} = \frac{3(V_0 - V_1)c}{R_c \times m \times 1000} \times \frac{a}{b} \times 100 \tag{3-2}$$

式中:HA_{ad}为一般分析煤样中的总腐植酸或游离腐植酸产率(%);V_1为滴定试液所消耗的标准硫酸亚铁铵溶液的体积(mL);V_0为滴定空白所消耗的标准硫酸亚铁铵溶液的体积(mL);c为硫酸亚铁铵标准溶液的浓度(mol/L);3 为碳的摩尔质量(g/mol);R_c为腐植酸的含碳比,褐煤和低变质程度烟煤为0.59,风化煤为0.62;a为碱抽提液的总体积(mL);b为测定时所取试液的体积(mL);m为煤样质量(g)。结果按数字修约规则修约到小数点后一位报出。

6. 精密度

腐植酸产率两次重复测定的差值不得超过表3-1规定的数值。

表3-1 腐植酸产率两次重复测定的重复性限值

HA_{ad}/%	重复性限(绝对值)/%
<20	1.0
≥20	2.0

7. 注意事项

(1)本方法适用于褐煤、低变质程度烟煤和风化煤中腐植酸的测定。

(2)实验中各试剂用量及操作条件对测定结果影响较大,因此必须严格按照规定操作。

实验二十二　腐植酸中总酸性基、羧基、酚羟基的测定

腐植酸的分子结构极为复杂,其真实结构尚未完全清楚。腐植酸是一类复杂的具有芳香结构的大分子有机弱酸,在芳香环上含有羧基、羟基等酸性基团。腐植酸存在着分子量和组分的不均一性,尚无定量标准。

1. 实验目的

掌握氢氧化钡法和醋酸钙法测定煤的腐植酸中总酸性基、羧基、酚羟基测定的原理、方法

和步骤。

2. 实验原理

(1)总酸性基的测定:总酸性基的测定常用氢氧化钡法。此法的原理是腐植酸和过量的氢氧化钡反应生成腐植酸的钡盐,用过量的标准酸中和过剩的氢氧化钡,然后用标准的氢氧化钠溶液回滴过量的酸。

(2)羧基的测定:羧基的测定常用醋酸钙法。此法的原理是腐植酸与醋酸钙反应生成腐植酸钙和醋酸,然后用标准氢氧化钠溶液滴定生成醋酸,其反应为:

$$2R-COON + Ca(CH_3COO)_2 \rightarrow (RCOO)_2Ca \downarrow + 2CH_3COOH$$
$$CH_3COOH + NaOH \rightarrow CH_3COONa + H_2O$$

(3)酚羟基的测定:由于腐植酸中的酸性基团主要是羧基和酚羟基,其他的酸性基团很少。因此,只要测出总酸性基团的量减去羧基即为酚羟基。

3. 仪器设备与试剂

(1)仪器设备。①容量瓶:容量25mL。②振荡器:电动振荡器。③托盘天平:最大称量500g,感量0.5g。④移液管:容量10mL。⑤锥形瓶:容量250mL。⑥碱式滴定管:容量25mL。⑦分析天平:感量0.1mg。

(2)主要试剂。①氢氧化钠标准溶液:0.1mol/L。②盐酸标准溶液:0.1mol/L。③氢氧化钡溶液:0.05mol/L。④醋酸钙溶液:0.25mol/L。⑤酚酞指示剂:质量分数0.1%。

4. 测定步骤

(1)总酸性基测定:用矾冲洗容量瓶1~2min,去除瓶中的二氧化碳。准确称取0.2g试样(精确至0.0002g),迅速放入容量瓶中,加入0.05mol/L氢氧化钡溶液至刻度,瓶口用蜡密封,避免空气中二氧化碳的干扰。试样在室温条件下放置48h,在振荡器上振荡10h。静置后用移液管吸取10mL澄清液放入装有15mL的0.1mol/L盐酸标准溶液的锥形瓶中,加3滴酚酞指示剂和50mL无CO_2的蒸馏水,用0.1mol/L氢氧化钠回滴过量的盐酸至出现粉红色。同时做空白实验。

(2)羧基测定:准确称取0.2g(精确至0.0002g)试样于容量瓶中,加入0.25mol/L醋酸钙溶液至刻度,在室温下放置48h,在振荡器上振荡10h。静置后用移液管吸取上层10mL清液于锥形瓶中,加3滴酚酞指示剂和50mL无CO_2的蒸馏水,用0.1mol/L氢氧化钠回滴过量的盐酸至出现粉红色。同时做空白实验。

5. 结果计算

(1)总酸性基 X:

$$X = \frac{[c(v-v_0)] \times F}{m}$$

式中：v 为滴定试样时所消耗的氢氧化钠标准溶液的体积(mL)；v_0 为空白滴定时所消耗的氢氧化钠标准溶液的体积(mL)；c 为氢氧化钠标准溶液的浓度(mol/L)；m 为样品质量(g)；F 为反应液总体积与滴定时分取试液体积比。

(2)羧基：羧基计算方法与总酸性基的计算方法相同。

(3)酚羟基：酚羟基＝总酸性基－羧基。

6. 精密度

在重复性条件下获得的两次独立测定结果的绝对差值不得超过算术平均值的 10%。

7. 注意事项

(1)空气中二氧化碳对总酸性基的测定有较大影响。

(2)润湿性能不好的样品可以先加几滴酒精润湿，然后再加反应液。

(3)对含钙、镁较高的煤样可先用质量分数为 1% 盐酸预处理，然后水洗至无氯离子后(用 $AgNO_3$ 试验)，再进行测定。

实验二十三　褐煤中苯萃取物产率的测定

褐煤的苯萃取物产率测定有自动萃取仪法和锥形瓶萃取器法，锥形瓶萃取器法为仲裁方法。自动萃取仪法在测定过程中，操作人员可免受苯的毒害，本实验介绍自动萃取仪法。本实验根据《褐煤中苯萃取物产率的测定方法》(GB/T 1575—2018)制定，适用于褐煤。

1. 实验目的

通过试验熟悉自动萃取仪法和锥形瓶萃取器法动作程序，掌握褐煤中萃取物产率的测定原理及操作方法。

2. 实验原理

将煤样置于萃取器中用苯萃取，煤样被苯萃取后，蒸馏去除苯，然后将溶剂蒸除并将萃取物干燥至质量恒定。根据萃取物的质量，计算出褐煤的苯萃取物产率。

3. 试剂材料

除非另有说明，在分析中仅使用确认为分析纯的试剂和蒸馏水或去离子水或相当纯度的水。

(1)苯：$\rho = 0.876$ g/mL，蒸馏范围 80～81℃，至少 95% 被蒸出。

(2)滤纸筒：$\phi 25$mm × 80mm。市售或按下述方法制作：将中速 102 号定性滤纸裁成 75mm × 75mm 和 60mm × 60mm 的方块。先取一张大的，用水润湿后松紧适度地裹在一直径 25mm、底部带一小孔的圆底试管侧壁，再取 1 张小的、用水润湿后裹在试管底部。如此交替地在试管上裹上3张大的、2张小的滤纸块,然后从试管口轻轻吹下成型滤纸筒,放在空气中或100℃的干燥箱中干燥后备用。

4. 自动萃取仪法

1)仪器设备

(1)该仪器主要由连续萃取—洗涤—蒸发装置和控制器两部分组成。连续萃取—洗涤—蒸发装置主要包括锥形瓶、萃取室和冷凝器3部分。萃取室长180mm、内径30mm,它有一水套,水浴中热水可循环经过水套,以保持萃取室内有较高的温度。自动萃取仪结构如图3-1所示。

(2)干燥箱:能控温在105~110℃范围内,带鼓风装置的普通空气干燥箱;或能控制温度在(80±2)℃、压力为50kPa的真空干燥箱。

(3)分析天平:分度值0.1mg,最大量程为220g。

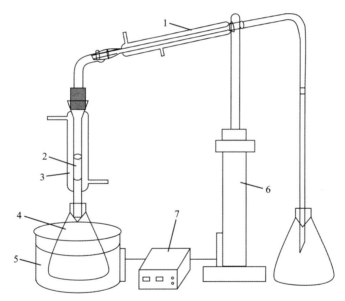

1.冷凝器;2.滤纸筒;3.萃取室;4.锥形瓶;5.水浴;6.升降系统;7.控制器。

图 3-1 自动萃取仪结构示意图

2)预调节

(1)萃取温度调节:称取约2g非测定用的煤样置于滤纸筒中,然后将滤纸筒放入自动萃取仪的萃取室,在锥形瓶中加60~70mL苯,再将它接到萃取室上。接通电源,按下程序开关,则连续萃取—洗涤—蒸发装置自动下降,锥形瓶浸入水浴,同时水浴开始加热。为将萃取尽可能在180min内完成,当苯开始从冷凝器滴下时,调节水浴温度,使苯液滴下的速度维持在4~5mL/min之间,且使滤纸筒中苯液随时没过煤样。记下此温度并将温度控制器位置固定。该温度应随环境温度和气压变化而随时调节,参考温度为90℃。

(2)萃取、洗涤和蒸发时间选择:萃取、洗涤和蒸发时间一般可分别选择为180min、10min和50min。它们由相应的计时器控制。如煤样的苯萃取物多或者气压过低等,应重新选定萃取时间,以保证萃取完全。萃取完全以从萃取室滴下的苯液无色为准。

3)测定步骤

(1)萃取试验。称取混合均匀的一般分析试验煤样2g(称准至0.000 2g),放入滤纸筒中,在纸筒顶部放一团脱脂棉并使其边缘尽量贴紧纸筒,将带煤样的滤纸筒放入萃取室。在一预先干燥至质量恒定并称量过的锥形瓶中,加60~70mL苯。将自动萃取仪各部分连接好。

接通电源,按下程序开关,仪器即按预先设置的程序自动进行萃取—洗涤—蒸发。萃取—洗涤—蒸发装置下降至锥形瓶浸入水浴至预定位置,冷凝器倾斜到苯液可回滴至萃取室的状态,冷却水循环装置开始工作,同时水浴开始加热。

当温度升至预先设置的萃取温度时,泵启动,水浴中热水进入萃取室夹套,并在两者间循环,锥形瓶中的苯蒸发至冷凝器,并在那里冷凝后回滴到萃取室的滤纸筒中,萃取开始。180min(或其他设置时间)后,泵停,萃取结束。

萃取室因夹套中热水流回水浴而温度降低,苯蒸气在此凝结并将黏着在萃取室内壁的萃取物洗入锥形瓶,洗涤开始。约10min后,洗涤停止,冷凝器进一步倾斜到苯液可流出测定系统、进入回收容器的状态,泵再次启动,热水进入萃取室夹套,苯蒸气在冷凝器中凝结并流入接收器,蒸发开始。约50min后,蒸发结束,萃取—洗涤—蒸发系统上升至原来位置。

取下带萃取物的锥形瓶,放入温度为105~110℃的空气干燥箱或温度为(80±2)℃、压力为50kPa的真空干燥箱中干燥至质量恒定。

注:一般第一次干燥1.5h,以后进行检查性干燥,每次30min,当连续两次干燥间的质量差小于0.001 0g时,即为达到质量恒定。

(2)空白实验。除不加试样外,其余步骤按"萃取实验"步骤进行,连续两次空白值的测定值相差不超过0.001 0g时,取两次空白值的平均值作为该瓶苯的空白值。

5. 锥形瓶萃取器法

(1)仪器设备。①锥形瓶萃取器:它由两部分组成:500mL磨口锥形瓶(底瓶),瓶口直径28~30mm;球形或直形回流冷凝管,末端磨口与锥形瓶口配合,并带两个对称的小孔,外套管长度至少300mm。②蒸馏器:它由150mL锥形瓶、直形冷凝器和弯管组成,接合部分以磨口配合。③恒温水浴:控温精度±2℃。④干燥箱:能控温在105~110℃范围内,带鼓风装置的普通空气干燥箱;或能控制温度在(80±2)℃、压力在50kPa的真空干燥箱。⑤分析天平:分度值0.1mg,最大量程为220g。

(2)测定步骤。

①萃取实验。称取混合均匀的一般分析煤样3g(称准到0.000 2g),放入滤纸筒中,煤样上盖一块脱脂棉,将带煤样的滤纸筒用不锈钢金属丝挂在萃取器冷凝管末端。往萃取器底瓶中加入70mL苯。把底瓶和冷凝管连接好。

将底瓶放入恒温水浴中,加热萃取180min(时间由第一滴苯液从冷凝管末端滴下时算起)。如滤纸筒中滴下的苯液仍有颜色,则应继续萃取到无色为止。

萃取结束后,取下底瓶,将萃取液趁热小心转移到预先干燥至质量恒定的蒸馏锥形瓶中,并用少量热苯洗涤底瓶3次,洗液并入锥形瓶(如此时发现萃取液中有煤粉,则试验作废)。将锥形瓶连接在蒸馏器上,于水浴上蒸发至近干,取下锥形瓶,放入温度为105~110℃的空气干燥箱或温度为(80±2)℃、压力为50kPa的真空干燥箱中干燥至质量恒定。

②空白试验。除不加试样外,其余步骤按"萃取实验"步骤进行,连续两次空白值的测定值相差不超过0.0010g时,取两次空白值的平均值作为该瓶苯的空白值。

6. 结果计算

褐煤的苯萃取物产率按式(3-3)计算,以两次重复测定结果的平均值,按《煤炭分析试验方法一般规定》(GB/T 483—2007)修约到小数点后第二位报出:

$$E_{B,ad} = \frac{m_2 - m_3}{m_1} \times 100 \tag{3-3}$$

式中:$E_{B,ad}$为空气干燥基煤样苯萃取物产率(%);m_1为煤样质量(g);m_2为干燥后萃取物质量(g);m_3为空白值(g)。

7. 精密度

褐煤的苯萃取物产率测定结果的重复性限和再现性临界差如表3-2规定。

表3-2 苯萃取物产率测定结果的重复性限和再现性临界差

E_B/%	重复性限 $E_{B,ad}$/%	再现性临界差 $E_{B,ad}$/%
<5	0.30(绝对)	0.50(绝对)
5~10	0.50(绝对)	0.70(绝对)
>10	5(相对)	7(相对)

8. 注意事项

苯可燃、有毒、易挥发,吸入或皮肤接触大量苯会引起中毒。试验必须在通风柜中进行,并严格控制水浴温度,确保从冷凝管滴下苯液速度为4~5mL/min。

实验二十四 低煤阶煤透光率的测定

低煤阶煤的透光率主要用于表征低煤化度煤的煤化程度。由于煤样轻度氧化对透光率测值影响不大,所以这一指标比其他反映煤化程度的指标更适宜于低煤化度煤。本实验根据《低煤阶煤的透光率测定方法》(GB/T 2566—2010)制定,适用于褐煤和低煤阶烟煤。

1. 实验目的

煤的透光率是低煤化度煤的分类指标。通过实验掌握煤的透光率测定原理、方法,了解煤的透光率与煤化程度的关系。

2. 实验原理

低煤阶煤与硝酸和磷酸的混合酸在规定试验条件下反应后产生有色溶液。根据溶液颜色深浅，以不同浓度的重铬酸钾硫酸溶液作为标准，用目视比色法测定煤样的透光率。

3. 仪器设备与试剂材料

1）仪器设备

(1) 分析天平：感量 0.000 2g。

(2) 比色管：25mL，内径(17±0.5)mm，在 10mL 处有刻度，具严密塞子。

(3) 水浴：能加热到 100℃。

(4) 水银温度计：测量范围 0～100℃，分度小于 0.2℃。需校准后使用。

(5) 容量瓶：100mL；锥形瓶：100mL；移液管：25mL。对某些加热处理时易产生气泡带出煤粉的试样，宜采用特制的长颈容量瓶，其尺寸是：口内径(15±1)mm，刻度线至瓶口的高度(135±5)mm。容量瓶的颈底处宜套上一圆片，如橡胶等（圆片中间开洞，圆片略大于水浴加热口即可）。

(6) 玻璃小漏斗：漏斗口内径 30mm，漏斗柄长约 40mm，内径 4～5mm。

2）主要试剂材料

(1) 10% 硫酸（化学纯）溶液（体积分数）。

(2) 重铬酸钾（分析纯）：使用前需在 110～120℃下干燥 2h。

(3) (1+9) 磷酸溶液（体积分数）：化学纯。

(4) 硝酸（化学纯）：呈黄色的硝酸不能使用。

(5) 混合酸：1 体积硝酸、1 体积磷酸和 9 体积蒸馏水混合配成。

重铬酸钾准备溶液：称取 2.500 0g（精确至 0.000 2g）重铬酸钾粉末，用 10% 的硫酸溶液在容量瓶中配成 250mL 溶液。该溶液作为配制透光率在 30%～100% 之间的标准系列溶液使用。称取 5.000 0g（精确至 0.000 2g）重铬酸钾粉末，用 10% 的硫酸溶液在容量瓶中配成 250mL 溶液。该溶液作为配制透光率小于 30% 的标准系列溶液使用。

重铬酸钾标准系列溶液：用带细刻度的 1mL、2mL、5mL 或 10mL 的直形移液管（或微量滴定管），依次从重铬酸钾准备溶液中吸取所需体积准备溶液，放入 50mL 容量瓶中，再用 10% 的硫酸溶液稀释至刻度，配成标准系列溶液，并摇匀待用。用少量已配好的标准系列溶液冲洗干燥的比色管后，把标准系列溶液倒入比色管中 10mL 的刻度处（各比色管液柱高度应一致）。标准系列溶液一般可用 2～3 个月。若比色时与配制标准系列溶液时的室温变化范围超过 10℃，则应重新配制标准系列溶液。

(6) 定性滤纸：致密。

4. 测定步骤

(1) 称取相当于 1.000 0g（精确至 0.000 2g）干燥无灰煤的一般分析试验煤样（需用灰分

A_d≤10％的原煤样或浮煤样,但对遇水易泥化的褐煤可用原煤样)移入干燥的 100mL 容量瓶中。

(2)当水浴温度升高到(99.5±0.5)℃时[在高原地区,可往水中加入一定量的甘油,以使水浴温度能保持在(99.5±0.5)℃],即用移液管吸取 25mL 混合酸加入容量瓶中,边加酸边摇动容量瓶,使煤样浸湿。把加入混合酸后的容量瓶立即放入水浴中,并往瓶口插入小漏斗。水浴温度应控制在 5min 内回升到(99.5±0.5)℃。

(3)加热 90min 后,从水浴中取出容量瓶,并把它迅速冷却至室温。用(1+9)磷酸冲洗小漏斗和容量瓶颈,然后再加入(1+9)磷酸至容量瓶的刻度处,加塞后摇匀。

(4)静置 15～30min 后,用干燥的漏斗和致密定性滤纸过滤。把滤液过滤到干燥的 100mL 锥形瓶中(要注意防止极细的煤粉透滤,否则应重新过滤),弃去最初滤出的少量滤液。滤毕后弃去残渣。滤液应在当天用目视比色法测定透光率。

(5)比色时,首先用少量滤液冲洗 25mL 干燥的比色管后,并把滤液倒至比色管 10mL 刻度处(液柱高度要调整到与重铬酸钾标准系列溶液一致),与标准系列溶液进行目视比色。比色应在明亮的自然光下,但不宜在阳光直射下进行。比色时应在比色管的下部衬有 2～3 张纯白色的滤纸,但滤纸与比色管之间应保持 30mm 左右的间距。比色时,从比色管口上方垂直往下看,把标准系列溶液和煤样滤液的位置进行反复交换比色,以利于结果的正确判断。当煤样滤液的颜色深度介于两个相邻的标准系列溶液中间或与某一标准系列溶液相当时,即可得出煤样的透光率。对透光率特低的煤样,因标准系列溶液和煤样溶液的色调不大一致,此时可按溶液的明暗程度为准进行对比,以确定煤样的透光率。

5. 测定结果表述

透光率(P_M)测定结果可读取到 1％,对 P_M 小于 16％的煤样,报出结果时都填写为小于 16％。

6. 精密度

透光率(P_M)测定的精密度应符合表 3-3 的规定。

表 3-3　透光率测定精密度值　　　　　　　　单位:％

透光率 P_M	重复性限	再现性临界差
≥28～56	2.0	4.0
<28 或 >56	3.0	5.0

7. 注意事项

(1)过滤时,要防止极细煤粉透滤,否则应重新过滤。

(2)实验中所用煤样量为 1.000 0g 无水无灰煤,煤样的实际质量应根据工业分析的 M_{ad} 和 A_{ad} 进行计算。

实验二十五 煤的着火温度测定

着火温度是煤释放出足够的挥发分与周围大气形成可燃混合物的最低燃烧温度。煤炭的着火温度是气化和动力用煤的重要指标,了解煤的着火性能可以判断煤的氧化程度及自燃倾向,并作为地质勘探过程中确定煤层氧化带的指标。本实验根据《煤的着火温度测定方法》(GB/T 18511—2017)制定,适用于褐煤、烟煤和无烟煤。

1. 实验目的

通过本实验掌握煤炭着火温度的测定原理和方法步骤,推测煤的自燃倾向,了解影响煤炭着火温度的因素。

2. 实验原理

将处理过的煤样放入着火温度测定装置中,以一定的速度加热,到一定温度时,煤样突然燃烧。记录测量系统内空气体积突然膨胀或升温速度突然增加时的温度,作为煤的着火温度。

3. 仪器设备与试剂

(1)仪器设备。①着火温度测定装置:装置如图3-2所示,各部分要求如下:加热炉,圆形,能加热到600 ℃,温度可调;加热体,铜或铝合金制,7孔;温度测控仪,能在100~500 ℃范围内控制升温速度为4.5~5.0 ℃/min,测温精度±1 ℃;缓冲球。②着火温度自动测定仪:测定仪如图3-3所示,主要由加热装置和自动测量系统组成,各部分要求如下:加热装置,加热炉与加热体;自动测量系统,能在100~500 ℃范围内控制升温速度为4.5~5.0 ℃/min,测温精度±1 ℃,能自动判断和记录煤的着火温度。③试样管:耐热玻璃制。④真空干燥箱:能控温为50~60 ℃,压力在53kPa以下。⑤鼓风干燥箱:能控温在102~105 ℃。⑥分析天平:分度值0.1mg。⑦玻璃称量瓶:直径40mm,高25mm,并带有严密的磨口盖。⑧玛瑙研钵。

(2)主要试剂。①亚硝酸钠:使用前应在102~105 ℃的鼓风干燥箱中干燥1h。②联苯胺。③还原剂:称取0.075g亚硝酸钠与0.002 5g联苯胺混合均匀,试验前配制。④过氧化氢溶液:质量分数为30%。

除非另有说明,在分析中仅使用确认为分析纯的试剂和蒸馏水或去离子水或相当纯度的水。

4. 煤样处理

(1)原煤样。在称量瓶中称取0.5~1.0g一般分析试验煤样,置于温度为55~60 ℃、压力为53kPa的真空干燥箱中干燥2h,取出放入干燥器中冷却至室温。试验前称取0.09~0.11g

图 3-2 着火温度测定装置

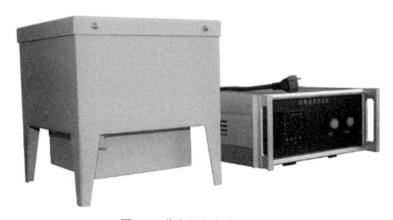

图 3-3 着火温度自动测定仪

干燥后的煤样与 0.075g 亚硝酸钠,在玛瑙研钵中轻轻研磨 1~2min,混合均匀。

(2)氧化煤样。在称量瓶中称取 0.5~1.0g 一般分析试验煤样,用滴管滴入过氧化氢溶液(每克煤约加 0.5mL),用玻璃棒搅匀,盖上盖,在暗处放置 24h;打开盖在日光或白炽灯下照射 2h,置于温度为 55~60℃、压力为 53kPa 的真空干燥箱中干燥 2h,取出放入干燥器中冷却至室温。试验前称取 0.09~0.11g 前述处理后的煤样与 0.075g 亚硝酸钠,在玛瑙研钵中轻轻研磨 1~2min,混合均匀。

(3)还原煤样。在称量瓶中称取 0.5~1.0g 一般分析试验煤样,置于温度为 55~60℃、压力为 53kPa 的真空干燥箱中干燥 2h,取出放入干燥器中冷却至室温。试验前称取 0.09~0.11g 干燥后的煤样与还原剂,在玛瑙研钵中轻轻研磨 1~2min,混合均匀。

5. 实验步骤

(1)人工测定。①连接装置各部分。②把加热体放入低于 100℃ 的加热炉内。③将处理过的煤样小心转移至试样管中,试样管与缓冲球连接,然后放入加热体中,将热电偶插入加热体中心孔内。④扭转储水管三通,使储水管与大气接通,向上移动水准瓶使水充满储水管。然后向下移动水准瓶使水槽内的水进入量水管到一定水平,随即扭转量水管三通使量水管与缓冲球相通。如果量水管水位下降一定距离后停止,即证明气密性良好,否则表明漏气,须检查原因予以解决。⑤移动水准瓶,使量水管充满水,并使水准瓶水面与储水管水面保持水平位置。关闭量水管三通。⑥接通加热炉电源,开始升温,并控制升温速度为 4.5~5.0℃/min,待升温至 100℃时,每 5min 记录一次温度,到 250℃时旋转量水管三通,使水管与缓冲球接通,随时观测量水管水位,当其突然下降时,记录相应的温度。⑦测出每个试样的着火温度后,切断电源,取出热电偶、试样管和加热体。

(2)自动测定。①将处理过的煤样小心转移至试样管中,将试样管放入加热体四周的圆孔中,并将加热体放入测定仪的加热炉中。②启动电源,按照仪器说明书的操作步骤进行试验。③试验结束后,取出加热体和试样管。④记录试验结果。

6. 结果表述

煤的着火温度以摄氏度(℃)表示。每个煤样进行两次重复测定,取重复测定结果的算术平均值,按《煤炭分析试验方法一般规定》(GB/T 483—2007)修约到整数报出。

7. 精密度

煤的着火温度的重复性限为 6℃。

8. 注意事项

(1)由于联苯胺为中等毒性的致癌物质,所以在试验过程中应尽量减少其在空气中长时间暴露,操作应在通风橱中进行,避免人体与其有直接接触。

(2)亚硝酸钠易吸水,须先研细再进行烘干处理,然后贮存于磨口瓶,存放在干燥器中,只有使用完全干燥的氧化剂,才能获得重复性较好的结果。潮湿的氧化剂能降低着火温度。

(3)煤样必须经过低温烘烤至恒重。最理想的是用真空烘箱,因为它能使煤中内在水分脱除得比较彻底。

(4)有少数煤样的爆点不明显,若遇此情况。应仔细观察量水管中水位的变化,发现水位下降较快阶段的温度,就是该煤的着火温度。

主要参考文献

标准物质网. 腐植酸中总酸性基、羧基、酚羟基的测定（2016-08-09）. https://www.gbw114.com/news/n20498.html.

陈慧钟,1988.煤和含煤岩系的沉积环境[M].武汉:中国地质大学出版社.

邓基芹,于晓荣,武永爱,2011.煤化学[M].北京:冶金工业出版社.

段云龙,2004.煤炭试验方法标准及其说明[M].3版.北京:中国标准出版社.

郭崇涛,1992.煤化学[M].北京:化学工业出版社.

国家安全生产监督管理总局政策法规司编,2016.安全生产标准汇编(第7辑)[M].北京:煤炭工业出版社.

韩立亭,2015.煤炭试验方法标准及其说明[M].4版.北京:中国标准出版社.

韩晓星,王亚雄,徐喜民,2018.煤化学实验[M].北京:化学工业出版社.

何选明,2010.煤化学[M].北京:冶金工业出版社.

何选明,2017.煤化学[M].北京:冶金工业出版社.

李晶,汪小妹,2022.煤岩煤化学基础[M].武汉:中国地质大学出版社.

李艳红,白宗庆,2018.煤化工专业实验[M].北京:化学工业出版社.

全国煤炭标准化技术委员会,2006.煤炭行业标准汇编:煤质、检测、加工、利用卷[M].北京:化学工业出版社.

王华,严德天,2015.煤田地质学[M].武汉:中国地质大学出版社.

杨焕祥,廖玉枝,1990.煤化学及煤质评价[M].武汉:中国地质大学出版社.

杨金和,陈文敏,段云龙,2004.煤炭化验手册[M].北京:煤炭工业出版社.

虞继舜,2000.煤化学[M].北京:冶金工业出版社.

张双全,2009.煤化学[M].徐州:中国矿业大学出版社.

张双全,2010.煤化学实验[M].徐州:中国矿业大学出版社.

张双全,2013.煤及煤化学[M].北京:化学工业出版社.

张双全,2016.煤及煤化学[M].北京:化学工业出版社.

张香兰,张军,2013.煤化学[M].北京:化学工业出版社.

赵建军,2018.煤化学化工实验指导[M].合肥:中国科学技术大学出版社.

朱银惠,2005.煤化学[M].北京:化学工业出版社.

朱银惠,2015.煤化学[M].北京:化学工业出版社.

朱银惠,王中惠,2013.煤化学[M].北京:化学工业出版社.

BOTTLE J,WHITE A R J,2023. Coal analysis[M]. In The Coal Handbook:Volume 1: Towards Cleaner Coal Supply Chains (Second Edition). Woodhead Publishing.

KLERK A D,2020. Transport fuel:biomass-,coal-,gas- and waste-to-piquids processes [M]. In Future Energy (Third Edition):Improved, Sustainable and Clean Options for Our Planet. Elsevier Publishing.

MILLER B G, 2011. Coal as fuel:past, present, and future[M]. In Clean Coal Engineering Technology. Butterworth-Heinemann Publishing.

MILLER B G, 2017. Introduction to coal utilization technologies[M]. In Clean Coal Engineering Technology (Second Edition). Butterworth-Heinemann Publishing.

NIKSA S, 2020. Coal utilization technologies[M]. In Process Chemistry of Coal Utilization. Woodhead Publishing.

ROBERT F K, KENNETH S S, 2020. Trace elements in coal and coal combustion residues[M]. Boca Raton:CRC Press.

STRACHER G B, WAMPLER M J, JUN L, et al. ,2019. The earliest known uses of coal as a fuel:paleolithic,mesolithic,and bronze age coal fires[M]. In Coal and Peat Fires:A Global Perspective. Elsevier Publishing.

SUAREZ-RUIZ I, DIEZ M A, RUBIERA F, 2019. Coal[M]. In New Trends in Coal Conversion:Combustion,Gasification,Emissions,and Coking. Woodhead Publishing.

VEGA F, ALONSO-FARINAS B, SAENA-MORENO F M, et al. ,2019. Technologies for control of sulfur and nitrogen compounds and particulates in coal combustion and gasification[M]. In New Trends in Coal Conversion:Combustion, Gasification, Emissions, and Coking. Woodhead Publishing.

附录　煤质及煤分析有关术语

煤质及煤分析有关术语,内容参考国家标准《煤质及煤分析有关术语》(GB/T 3715—2022),详细内容请参阅标准原文。

一、煤及其产品术语

(1)煤(coal):煤炭。主要由植物遗体经煤化作用转化而成的富含碳的固体可燃有机沉积岩,含有一定量的矿物质,相应的灰分产率小于或等于50%干基质量分数。

(2)煤当量(coal equivalent):标准煤。能源的统一计量单位。凡能产生29.27MJ低位发热量的任何能源均可折算为1kg煤当量值。

(3)毛煤(run-of-mine coal,ROM coal):煤矿直接生产出来,未经任何筛分、破碎和分选的煤。

(4)原煤(raw coal):仅可能经过筛分或破碎处理的煤。

(5)商品煤(commercial coal):原煤经过加工处理后用于销售的煤炭产品。

(6)风化煤(weathered coal):受风化作用,使含氧量增高,发热量降低,并含有再生腐植酸的煤。

(7)洗选煤(washed coal):经过洗选加工的煤。

(8)精煤(cleaned coal):经过干法或湿法分选获得的低密度产物。

(9)中煤(middlings):经精选后得到的、品质介于精煤和矸石之间的产物。

(10)洗矸(washery rejects):由煤炭洗选过程中排出的高灰分产品。

(11)煤泥(slime):泛指湿的煤粉,专指选煤厂粒度在0.5mm以下的一种洗煤产品。

(12)煤泥水(slurry):煤粉或煤泥与水混合而成的需进一步处理的流体。

(13)煤矸石(gangue):在煤矿建井、开拓掘进、采煤和煤炭洗选过程中产生的干基灰分大于50%的岩石。

(14)夹矸(dirt band):夹在煤层中的岩石。

(15)动力用煤(fuel coal,steam coal):动力煤。通过煤的燃烧来利用其热值的煤炭产品的统称。

(16)型煤(briquette):煤砖。将粉碎的煤料以适当的工艺和设备加工成具有一定几何形状(如椭圆形、菱形和圆柱形等)、一定尺寸和一定理化性能的块状燃料。

(17)兰炭(blue-coke):无黏结性或弱黏结性的高挥发分烟煤在中低温条件下干馏热解,得到的较低挥发分的固体碳质产品。

(18)水煤浆(coal water mixture):由煤、水和少量添加剂经过加工制成的具有一定粒度分布、流动性和稳定性的流体。

(19)煤基活性炭(coal-based activated carbon):以煤为原料生产的以碳为主体且具有良好吸附性能的一种广谱吸附剂。

(20)焦炭(coke):煤炭隔绝空气高温干馏获得的固体碳质材料。

(21)天然焦(natural coke):天然焦炭。煤层受岩浆侵入,在高温烘烤和岩浆中热液、挥发气体等的影响下受热干馏而形成的焦炭。

二、煤炭分类术语

(1)类别(class,category):根据煤的煤化程度和工艺性能指标把煤划分成的大类。

(2)小类(group):根据煤的性质和用途的不同,把大类进一步细分的类别。

(3)煤阶(rank):煤级,煤化作用深浅程度的阶段。

(4)褐煤(brown coal,lignite):煤化程度低、外观多呈褐色、光泽暗淡、含有较高的内在水分和不同数量腐植酸的煤。

(5)次烟煤(sub-bituminous coal):镜质体平均随机反射率 $0.4\% \leqslant R_{ran} < 0.5\%$ 的煤。

(6)烟煤(bituminous coal):煤化程度高于褐煤而低于无烟煤的煤。

(7)无烟煤(anthracite):煤化程度高的煤,挥发分低、密度大、燃点高,无黏结性,燃烧时多不冒烟。

(8)硬煤(hard coal):中等变质程度煤烟煤和高变质程度煤无烟煤的合称。

(9)长焰煤(long flame coal):变质程度最低、一般不结焦、燃烧时火焰长、挥发分最高的烟煤。

(10)不黏煤(non-caking coal):变质程度较低、挥发分范围较宽、无黏结性的烟煤。

(11)弱黏煤(weakly caking coal):变质程度较低、挥发分范围较宽、黏结性介于不黏煤和1/2中黏煤之间的烟煤。

(12)1/2中黏煤(1/2 medium caking coal):黏结性介于气煤和弱黏煤之间,挥发分范围较宽的烟煤。

(13)气煤(gas coal):变质程度较低、挥发分较高,单独炼焦时焦炭多细长、易碎,并有较多纵裂纹的烟煤。

(14)1/3焦煤(1/3 coking coal):介于焦煤、肥煤与气煤之间的具有中等或较高挥发分,单独炼焦时,能生成强度较高焦炭的强黏结性煤。

(15)气肥煤(gas-fat coal):挥发分高、黏结性强,单煤炼焦时,能产生大量的煤气和胶质体,但不能生成强度高的焦炭的烟煤。

(16)肥煤(fat coal):变质程度中等,单独炼焦时,能生成熔融性良好的焦炭,但有较多的横裂纹,焦根部分有蜂焦的烟煤。

(17)焦煤(primary coking coal):变质程度较高,单独炼焦时,生产的胶质体热稳定性好,所得焦炭的块度大、裂纹少、强度高的烟煤。

(18)瘦煤(lean coal):变质程度较高,单独炼焦时,大部分能结焦,焦炭块度大、裂纹少,但熔融较差,耐磨强度低的烟煤。

(19)贫瘦煤(meager lean coal):变质程度高、黏结性较差、挥发分低、结焦性低于瘦煤的烟煤。

(20)贫煤(meager coal):变质程度高、挥发分最低、一般不结焦的烟煤。

三、煤炭采样和制样术语

(1)煤样(coal sample):为确定煤的某些特性而从煤中采取的具有代表性的一部分煤。

(2)煤层煤样(seam-sample of coal):按规定在采掘工作面、探巷、坑道或钻孔中从一个煤层采取的煤样。

(3)分层煤样(stratified seam-sample of coal):按规定从煤和夹矸的每一自然分层中分别采取的煤样。

(4)采样(sampling):从大量煤中采取的具有代表性的一部分煤的过程。

(5)随机采样(random sampling):在采取子样时,对采样的部位或时间均不施加任何人为的意志,能使任何部位的煤都有机会采出。

(6)系统采样(systematic sampling):按相同的时间、空间或质量的间隔采取子样,但第一个子样在第一个间隔内随机采取,其余的子样按选定的间隔采取。

(7)多份采样(reduplicate sampling):按一定的间隔采取子样,并将它们轮流放入不同的容器中构成两个或两个以上质量接近的煤样。

(8)采样单元(sampling unit):从一批煤中采取一个总样的煤量。

(9)批(lot):需进行整体性质测定的一个独立煤量。

(10)子样(increment):采样器具操作一次或截取一次煤流全横截段所采取的一份样。

(11)总样(gross sample):从一个采样单元取出的全部子样合并成的煤样。

(12)分样(partial sample):由均匀分布于整个采样单元的若干个子样组成的煤样。

(13)试验室煤样(laboratory sample of coal):由总样或分样缩制的、送往试验室供进一步制备的煤样。

(14)一般分析试验煤样(general analysis test sample of coal):破碎到粒度小于0.2mm并达到空气干燥状态,用于大多数物理和化学特性测定的煤样。

(15)煤标准物质/煤标准样品(reference material of coal):具有一种或多种规定特性足够均匀且稳定的煤样,已被确定其符合测量过程的预期用途。

(16)专用无烟煤(special anthracite):专门用于测定黏结指数或罗加指数、其技术指标达到规定要求的无烟煤。

(17)制样(sample preparation):使试样达到分析或试验状态的过程。

(18)试样破碎(sample reduction):用破碎或研磨的方法减小试样粒度的制样过程。

(19)试样混合(sample mixing):将试样混合均匀的过程。

(20)试样缩分(sample division):将试样分成有代表性的、分离的部分的制样过程。

四、煤质分析术语

(1)工业分析(proximate analysis):水分、灰分、挥发分和固定碳 4 个煤炭项目分析的总称。

(2)外在水分(free moisture,surface moisture):在一定条件下煤样与周围空气湿度达到平衡时所失去的水分。

(3)内在水分(inherent moisture):在一定条件下煤样与周围空气湿度达到平衡时所保持的水分。

(4)全水分(total moisture):煤的外在水分和内在水分的总和。

(5)一般分析试验煤样水分(moisture in the general analysis test sample):在规定条件下测定的一般分析煤样的水分。

(6)空干基水分(moisture in air-dried sample):与空气湿度达到平衡状态的煤样水分。

(7)最高内在水分(moisture holding capacity):煤样在温度 30 ℃、相对湿度 96% 下达到平衡时测得的内在水分。

(8)化合水(water of constitution):与矿物质结合的、除去全水分后仍保留下来的水分。

(9)矿物质(mineral matter):煤中无机物质,不包括游离水,但包括化合水。

(10)灰分(ash):煤样在规定条件下完全燃烧后所得的残留物。

(11)外来灰分(extraneous ash):由煤炭生产过程混入煤中的矿物质所形成的灰分。

(12)内在灰分(inherent ash):由原始成煤植物中的和由成煤过程进入煤层的矿物质所形成的灰分。

(13)碳酸盐二氧化碳(carbonate carbon dioxide):煤中以碳酸盐形态存在的二氧化碳。

(14)挥发分(volatile matter):煤样在规定条件下隔绝空气加热,并进行水分校正后的质量损失。

(15)焦渣特性(char residue characteristic):煤样测定挥发分后的残留物的黏结、结焦性状。

(16)固定碳(fixed carbon):从测定挥发分后的煤样残渣中减去灰分后的残留物。

(17)燃料比(fuel ratio):煤的固定碳和挥发分之比。

(18)有机硫(organic sulfur):与煤的有机质相结合的硫。

(19)无机硫(inorganic sulfur,mineral sulfur):煤中矿物质内的硫化物硫、硫铁矿硫、硫酸盐硫和元素硫的总称。

(20)元素硫(elemental sulfur):煤中以游离状态赋存的硫。

(21)全硫(total sulfur):煤中无机硫和有机硫的总和。

(22)硫铁矿物(pyritic sulfur):煤的矿物质中以黄铁矿或白铁矿形态存在的硫。

(23)硫酸盐硫(sulfate sulfur):煤的矿物质中以硫酸盐形态存在的硫。

(24)固定硫(fixed sulfur):煤热分解后残渣中的硫。

(25)排放硫(emitted sulfur):煤样在一定温度下完全燃烧时释放至气态产物中的硫。

(26)可燃硫(combustible sulfur):在一定条件下固体矿物燃料燃烧时可与氧气发生反应的硫。

(27)燃煤可排放硫含量(emission of sulfur during coal combustion):煤在一定温度下燃烧后所释放气体中的硫的总量,以可排放硫占试样的质量分数来表示。

(28)有效固硫率(effective sulfur fixation rate):固硫剂本身所具有的固硫能力,试样添加固硫剂前后排放硫质量之差占原煤排放硫质量的百分比。

(29)真相对密度(true relative density):在20℃时煤不包括煤的孔隙的质量与同体积水的质量之比。

(30)视相对密度(apparent relative density):在20℃时煤包括煤的孔隙的质量与同体积水的质量之比。

(31)散密度(bulk density):堆密度。在规定条件下,单位体积散状煤的质量。

(32)块密度(density of lump):整块煤的单位体积质量。

(33)孔隙率(porosity):煤的毛细孔体积与煤的视体积包括煤的孔隙的百分比。

(34)发热量(calorific value):单位质量的煤燃烧后产生的热量。

(35)弹筒发热量(bomb calorific value):单位质量的试样在充有过量氧气的氧弹内燃烧,其燃烧产物组成为氧气、氮气、二氧化碳、硝酸和硫酸、液态水以及固态灰时放出的热量。

(36)恒容高位发热量(gross calorific value at constant volume):单位质量的试样在充有过量氧气的氧弹内燃烧,其燃烧产物组成为氧气、氮气、二氧化碳、二氧化硫、液态水以及固态灰时放出的热量。

(37)恒容低位发热量(net calorific value at constant volume):单位质量的试样在恒容条件下,在过量氧气中燃烧,其燃烧产物组成为氧气、氮气、二氧化碳、二氧化硫、气态水以及固态灰时放出的热量。

(38)恒压低位发热量(net calorific value at constant pressure):单位质量的试样在恒压条件下,在过量氧气中燃烧,其燃烧产物组成为氧气、氮气、二氧化碳、二氧化硫、气态水以及固态灰时放出的热量。

(39)元素分析(ultimate analysis):碳、氢、氧、氮、硫5个煤炭分析项目的总称。

(40)煤灰成分分析(ash analysis)：灰的元素组成分析。

(41)着火温度(ignition temperature)：煤释放出足够的挥发分与周围大气形成可燃混合物的最低温度。

(42)结焦性(coking property)：煤经干馏形成焦炭的性能。

(43)黏结性(caking property)：煤在干馏时黏结其本身或外加惰性物质的能力。

(44)塑性(plastic property)：煤在干馏时形成的胶质体的黏稠、流动、透气等性能。

(45)膨胀性(swelling property)：煤在干馏时体积发生膨胀或收缩的性能。

(46)胶质层指数(plastometer indices)：由萨波日尼柯夫提出的一种表征烟煤塑性的指标。

(47)胶质层最大厚度(maximum thickness of plastic layer)：烟煤胶质层指数测定中测出的胶质体上、下层面各点所绘制的层面曲线之间的最大距离。

(48)胶质层体积曲线(volume curve of plastic layer)：烟煤胶质层指数测定中所记录的胶质体上部层面位置随温度变化的曲线。

(49)最终收缩度(final contraction value plastometric shrinkage)：烟煤胶质层指数测定中，温度为730℃时，体积曲线终点与零点线的距离。

(50)罗加指数(Roga index)：由罗加提出的煤的黏结力的量度，以在规定条件下、煤与标准无烟煤完全混合并碳化后，所得焦炭的机械强度来表征。

(51)黏结指数(caking index)：由中国提出的、煤的黏结力的量度，以在规定条件下、煤与专用无烟煤完全混合并碳化后，所得焦炭的机械强度来表征。

(52)坩埚膨胀序数(crucible swelling number)：以在规定条件下煤在坩埚中加热所得焦块膨胀程度的序号表征。

(53)奥阿膨胀度(Audiberts-Arnu dilation)：由奥迪贝尔和阿尼提出的、煤的膨胀性和塑性的量度，以膨胀度b和收缩度a等参数表征。

(54)吉氏流动度(Gieseler fluidity)：由吉泽勒提出的烟煤塑性的量度，以最大流动度等表征。

(55)格金干馏试验(Gray-King assay)：由格雷和金提出的煤低温干馏试验方法，用以测定热分解产物收率和焦型。

(56)铝甑干馏试验(Fisher-Schrader assay)：由费希尔和施拉德提出的低温干馏试验方法，用以测定焦油、半焦、热解水收率。

(57)落下强度(shatter strength)：煤炭抗破碎能力的量度，以在规定条件下、一定粒度的煤样自由落下后大于25mm的块占原煤样的质量分数来表示。

(58)热稳定性(thermal stability)：煤炭受热后保持规定粒度能力的量度。

(59)煤对二氧化碳的反应性(carboxy reactivity)：煤与二氧化碳反应能力的量度，以在规定条件下煤将二氧化碳还原为一氧化碳的质量分数来表示。

(60)结渣性(clinkering property)：煤在气化或燃烧过程中，煤灰受热软化、熔融而结渣的性能的量度。

(61)可磨性(grindability):在规定条件下,煤研磨成粉的难易程度。

(62)哈氏可磨性指数(Hardgrove grindability index):由哈德格罗夫提出的煤研磨成粉难易程度的量度,以在规定条件下,一定粒度的煤用哈氏可磨性测定仪研磨后,与小于0.071mm粒度的试样量相对应的可磨性指数表示。

(63)磨损指数(abrasion index):煤磨碎时对金属件的磨损能力的量度,以在规定条件下磨碎1kg煤对特定金属件磨损的毫克数来表示。

(64)灰熔融性(ash fusibility):在规定条件下得到的随加热温度而变化的煤灰变形、软化、呈半球状和流动特征物理状态。

(65)变形温度(deformation temperature):在灰熔融性测定中,灰锥尖端或棱开始变圆或变曲时的温度。

(66)软化温度(soften temperature):在灰熔融性测定中,灰锥弯曲至锥尖触及托板或灰锥变成球形时的温度。

(67)半球温度(hemispherical temperature):在灰熔融性测定中,灰锥形状变至近似半球形,即高约等于底长一半时的温度。

(68)流动温度(flow temperature):在灰熔融性测定中,灰锥熔化展开成高度小于1.5mm薄层时的温度。

(69)灰黏度(ash viscosity):煤灰在熔融状态下对流动阻力的量度。

(70)碱/酸比(base/acid ratio):煤灰中碱性组分钾、钠、铁、钙、镁、锰等的氧化物与酸性组分硅、铝、钛的氧化物之比。

(71)酸性基(acidic groups):煤中呈酸性的含氧官能团的总称。

(72)腐植酸(humin acid):煤中能溶于稀苛性碱和焦磷酸钠溶液的一组高分子量的多元有机、无定形化合物的混合物。

(73)原生腐植酸(primary humic acid):成煤过程中形成的腐植酸。

(74)次生腐植酸(secondary humic acid):再生腐植酸。煤经氧化(包括风化)而形成的腐植酸。

(75)黄腐植酸(fulvic acid):一组分子量较小的腐植酸,抽提物一般呈黄色,能溶于水、稀酸和碱溶液。

(76)棕腐植酸(Hymatomalenic acid):一组分子量较大的腐植酸,抽提物一般呈棕色,能溶于稀苛性碱溶液和丙酮,不溶于稀酸。

(77)黑腐植酸(Pyrotomalenic acid):一组分子量大的腐植酸,抽提物一般呈黑色,能溶于稀苛性碱溶液,不溶于稀酸和丙酮。

(78)游离腐植酸(free humic acid):酸性含氧官能团(酸性基)保持游离状态的腐植酸,可溶于稀苛性碱溶液,在实际测定中包括与钾、钠结合的腐植酸。

(79)结合腐植酸(combined humic acid):酸性含氧官能团(酸性基)与金属离子结合的腐植酸,在实际测定中不包括与钾、钠结合的腐植酸。

(80)透光率(transmittance):在规定条件下,用硝酸与磷酸的混合液处理后所得溶液的透光百分率。

(81) 苯萃取物(benzene-soluble extracts): 褐煤中能溶于苯的部分。

(82) 相对氧化度(relative degree of oxidation): 煤的相对氧化程度,以规定条件下煤样的碱提取液的透光率表示,可分为未氧化、可能氧化和已氧化3种。

(83) 浮沉试验(float-and-sink analysis): 将煤样用不同密度的重液分成不同的密度级,并测定各密度级产物的产率的特性,其特性一般以灰分表示(必要时也可表示其他特性)。

(84) 大浮沉(float and sink analysis of coal): 对粒度大于0.5mm的煤炭进行的浮沉试验。

(85) 小浮沉(fine coal float and sink analysis): 对粒度小于0.5mm的煤炭进行的筛分试验。

(86) 筛分试验(size analysis): 为了解煤的粒度组成和各粒度级产物的特征而进行筛分和测定。注:各粒级的数质量均用占全样的百分数来表示。

(87) 大筛分(size analysis of coal): 对粒度大于0.5mm的煤炭进行的筛分试验。

(88) 小筛分(fine coal size analysis): 对粒度小于0.5mm的煤炭进行的筛分试验。

(89) 显微组分(maceral): 显微镜下可辨别的煤的有机组成单元。

(90) 显微组分组(maceral group): 成因和性质大致相似的煤岩组分的归类。

(91) 镜质组(vitrinite group): 主要由植物的木质纤维组织经凝胶化作用转化而成的显微组分的总称。

(92) 惰质组(inertinite group): 由植物遗体经丝炭化作用转化而成的显微组分的总称。

(93) 壳质组(exinite group; liptinite group): 主要由高等植物繁殖器官、树皮、分泌物以及藻类等形成的反射力最弱的显微组分的总称。

(94) 显微煤岩类型(microlithotype): 显微组分的典型共生组合,其最小厚度为$50\mu m$。

(95) 显微矿化类型(carbominerite): 含硫化铁5%～20%或含其他矿物20%～60%的矿物和显微组分的共生组合。

(96) 显微矿质类型(minerite): 含硫化铁大于20%或含其他矿物大于或等于60%的矿物和显微煤岩类型的共生组合。

五、煤质分析结果表示的术语

(1) 收到基(as received basis): 以收到状态的煤为基准。

(2) 空气干燥基(air dried basis): 以与空气湿度达到平衡状态的煤为基准。

(3) 干燥基(dry basis): 以假想无水状态的煤为基准。

(4) 干燥无灰基(dry ash-free basis): 以假想无水无灰状态的煤为基准。

(5) 干燥无矿物质基(dry mineral matter-free basis): 以假想无水无矿物质状态的煤为基准。

(6)恒湿无灰基(moistash-freebasis):以假想含最高内在水分、无灰状态的煤为基准。

(7)恒湿无矿物质基(moist mineral matter-free basis):以假想含最高内在水分、无矿物质状态的煤为基准。

(8)误差(error):观测值和可接受的参比值间的差值。

(9)准确度(accuracy):观测值与真值或约定真值间的接近程度。

(10)正确度(trueness):由大量测试结果得到的平均数与接受参照值间的一致程度。注:正确度的度量通常用术语偏倚表示。

(11)精密度(precision):在规定条件下,独立测试结果间的一致程度。注1:精密度仅仅依赖于随机误差的分布而与真值或规定值无关。注2:精密度的度量通常以不精密度表达,其量值用测试结果的标准差来表示,精密度越低,标准差越大。注3:"独立测试结果"是对相同或相似的测试对象所得的结果不受以前任何结果的影响。精密度的定量的测度严格依赖于规定的条件,重复性和再现性条件为其中两种极端情况。

(12)重复性限(repeatability limit):一个数值。在重复条件下,即在同一试验室中,由同一操作者、用同一仪器、对同一试样、于短期内所做的重复测定,所得结果间的差值(在95%概率下)的临界值。

(13)再现性限(reproducibility limit):一个数值。在再现条件下,即在不同实验室中,对从试样缩制最后阶段的同一试样中分取出来、具有代表性的部分所做的重复测定,所得结果的平均值间的差值(在95%概率下)的临界值。

(14)检验值(inspected value):检验单位按国家标准方法对被检验批煤进行采样、制样和化验所得的煤炭质量指标值。

(15)报告值(reported values):被检验单位出具的被检验批煤的质量指标值。注:包括被检验单位的测定值或贸易合同约定值、产品标准(或规格)规定值。

(16)质量指标允许差(tolerance of quality parameter):被检验单位对一批煤的某一质量指标的报告值和检验单位对同一批煤的同一质量指标的检验值的差值在规定概率下的极限值。

(17)采样基数(base for sampling):抽查或验收时,实施采样的批煤量。

六、煤炭加工和利用术语

(1)煤炭加工(coal processing):以物理方法为主对煤炭进行加工。

(2)洁净煤技术(clean coal technology):在煤炭开发和利用中旨在减少污染和提高效率的加工、燃烧、转化技术的总称。

(3)选煤(coal preparation):通常采用物理或机械的方法对煤炭进行加工,使其满足某种特殊用途的过程。

(4)筛分(screening):物料通过设有筛孔的筛面,部分留在筛面,部分从筛孔穿过,从而实现不同粒度的固体物料的分离。

(5)煤炭分选(coal cleaning)：利用密度或表面性质的不同，来降低原料煤杂质成分的加工过程。

(6)配煤(coal blending)：两种或几种品质不同的煤按一定比例混合均匀以满足特定生产需求的工艺过程。

(7)配煤比(coal blending ratio)：各种煤掺配比例的质量分数。

(8)动力配煤(steam coal blending)：根据工业生产的需求，按照科学计算或由燃烧试验获得的配煤比，把两种或几种不同品质的动力煤均匀地混合在一起或根据环保需求配入添加剂，生产一种新的动力煤产品的工艺过程。

(9)配煤入选(blended raw coal preparation)：均质化入选。把不同质量、不同特性的原料煤按产品目标要求，以不同比例混合均匀进行分选从而使产品的灰分、硫分、结焦性和发热量等指标达到稳定并使煤炭质量符合用户要求的一种方法。

(10)煤炭燃烧(coal combustion)：煤炭在一定的设备(如锅炉、窑炉、民用炉和灶具等)中通入空气或富氧空气产生剧烈的氧化反应后获得热量并同时产生灰渣和排出二氧化碳、一氧化碳、二氧化硫、氮氧化物和水蒸气等的过程。

(11)煤炭脱硫(coal desulfurization)：煤炭通过物理、化学、物理化学或生物化学等方式降低煤中硫分的过程。

(12)煤炭焦化(coal carbonization)：煤炭高温干馏。煤在炼焦炉中的高温下保持一定时间后炼制焦炭，同时获得煤焦油、煤气和回收其他化学产品的过程。

(13)煤炭气化(coal gasification)：在一定的温度、压力条件下，用气化剂将煤中的有机物转变为煤气的过程。注：主要包括移动床气化、流化床气化、气流床气化、熔融床气化。

(14)煤层气(coal bed methane，CBM)：赋存于煤层中与煤共伴生、以甲烷为主要成分的天然气体。